Fredo 3

Mathematik

Arbeitsheft mit interaktiven Übungen

Erarbeitet von
Mechtilde Balins
Rita Dürr
Nicole Franzen-Stephan
Ute Plötzer
Anne Strothmann
Margot Torke

Illustriert von
Friederike Ablang
Cleo-Petra Kurze
Martina Theisen
Irina Zinner

Unter Beratung von
Christian Bussebaum,
Mathematisch-
Lerntherapeutisches
Institut Düsseldorf

Deine **interaktiven Übungen** findest du hier:

1. Melde dich auf scook.de an.
2. Gib den unten stehenden Zugangscode in die Box ein.
3. Hab viel Spaß mit deinen interaktiven Übungen.

Dein Zugangscode auf
www.scook.de
maw7-og-nhza

Die Nutzungsdauer für die Online-Übungen beträgt nach Aktivierung des Zugangscodes zwei Jahre. In dieser Zeit speichern wir deine Lernstandsdaten für dich; nach Ablauf der Nutzungsdauer werden sie gelöscht.

Cornelsen

Inhaltsverzeichnis

*Abziehverfahren; **Alternative zum Abziehverfahren (S. 60–62)

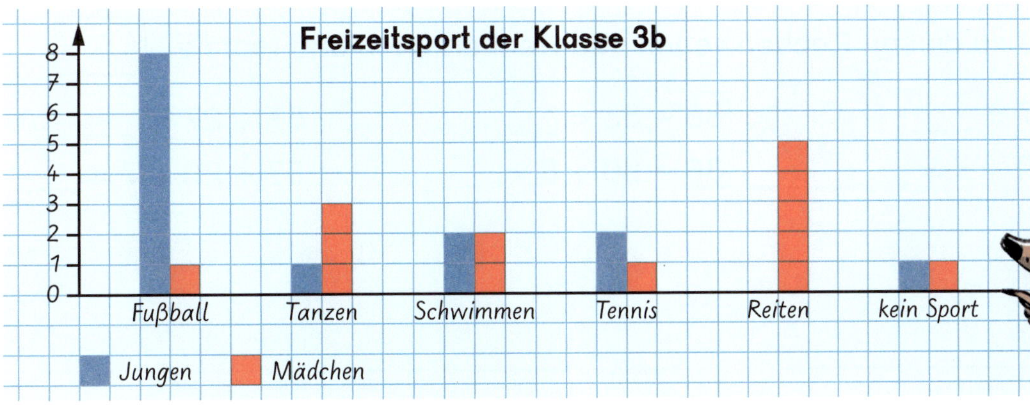

1 Richtig oder falsch? Kreuze an.

	richtig	falsch
a) Die meisten Jungen spielen Fußball.	☐	☐
b) Gleich viele Jungen und Mädchen schwimmen.	☐	☐
c) Die wenigsten Jungen spielen Tennis.	☐	☐
d) Reiten ist bei den Mädchen beliebter als Tanzen.	☐	☐
e) Mehr Mädchen als Jungen spielen Tennis.	☐	☐

2 Richtig oder falsch? Kreuze an.

	richtig	falsch
a) Tennis spielen die wenigsten Kinder.	☐	☐
b) Reiten ist in der Klasse 3b beliebter als Schwimmen.	☐	☐
c) Schwimmen ist bei den Kindern nicht so beliebt wie Tennis.	☐	☐
d) Weniger als die Hälfte der Klasse spielt Fußball.	☐	☐

---

3 a) Stelle die Angaben aus der Tabelle in einem Säulendiagramm dar.

Schwimmabzeichen der Klasse 3a	J	M
Seepferdchen	5	6
Bronze	2	1
Silber	1	2
Gold	0	0
kein Abzeichen	4	5

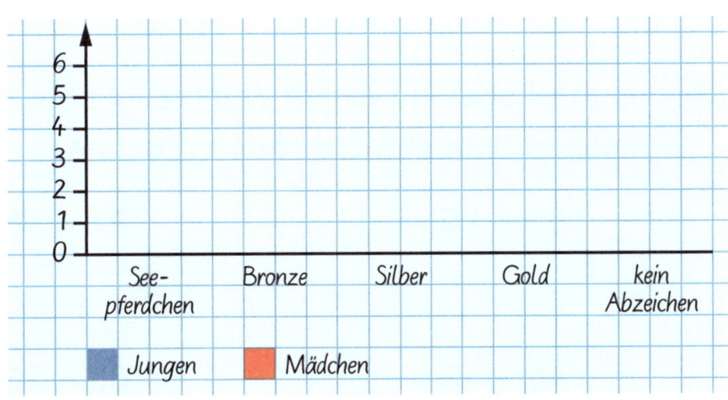

b) Notiere eine richtige und eine falsche Aussage zum Säulendiagramm.

____

____

____

SB S. 8, 9

1 Zeichne zu diesen Rechenwegen den Rechenstrich und rechne.

45 + 37 = ___
45 + 30 + 7 = ___

36 + 58 = ___
36 + 50 + 8 = ___

57 + 27 = ___
57 + 20 + 7 = ___

2 Rechne. Nutze den Rechenstrich.

46 + 28 = ___

66 + 27 = ___

28 + 53 = ___

57 + 17 = ___

35 + 48 = ___

57 + 36 = ___

3 Im Kopf oder mit einem Werkzeugkoffer?
Male an oder streiche durch. Rechne.

63 + 25 = ___

27 + 48 = ___

27 + 19 = ___

46 + 45 = ___

65 + 13 = ___

78 + 16 = ___

4 Notiere die passende Zahl.

45 + 38 = ___ + 40
69 + 23 = ___ + 20

66 + 29 = ___ + 30
48 + 23 = ___ + 20

53 + 28 = ___ + 30
57 + 32 = ___ + 30

1 Zeichne zu diesen Rechenwegen den Rechenstrich und rechne.

81 – 26 = ___
81 – 20 – 6 = ___

72 – 46 = ___
72 – 40 – 6 = ___

93 – 58 = ___
93 – 50 – 8 = ___

2 Rechne und notiere am Rechenstrich.

82 – 36 = ___

65 – 27 = ___

83 – 29 = ___

3 Im Kopf oder mit einem Werkzeugkoffer?
Male an oder streiche durch. Rechne.

63 – 29 = ___

53 – 21 = ___

76 – 40 = ___

82 – 25 = ___

27 – 19 = ___

55 – 39 = ___

76 – 12 = ___

93 – 60 = ___

86 – 7 = ___

4 Löse die Zahlenrätsel.

Welche Zahl muss ich von 73 abziehen, um 37 zu erhalten?

___

Welche Zahl muss ich zu 46 dazuzählen, um 83 zu erhalten?

___

Aufgaben mit Ziffernkarten

1 [2] [3] [4] [5] Bilde mit den Ziffernkarten weitere Plusaufgaben mit zweistelligen Zahlen. Rechne.

23 + 45 = ___	34 + 25 = ___	35 + 24 = ___
23 + 54 = ___	34 + 52 = ___	35 + ___ = ___
32 + 45 = ___	43 + 25 = ___	53 + ___ = ___
32 + 54 = ___	43 + ___ = ___	53 + ___ = ___

2 [1] [2] [3] [6] Bilde mit den Ziffenkarten möglichst viele Plusaufgaben mit zweistelligen Zahlen. Rechne.

___ + ___ = ___	___ + ___ = ___	___ + ___ = ___
___ + ___ = ___	___ + ___ = ___	___ + ___ = ___
___ + ___ = ___	___ + ___ = ___	___ + ___ = ___
___ + ___ = ___	___ + ___ = ___	___ + ___ = ___

3 Aufgaben-Paare mit vertauschten Ziffern

a)

43 + 54 = ___	27 + 31 = ___	35 + 43 = ___	23 + 74 = ___
34 + 45 = ___	72 + 13 = ___	53 + ___ = ___	___ + ___ = ___

b)

47 – 32 = ___	46 – 12 = ___	58 – 45 = ___	79 – 67 = ___
74 – 23 = ___	64 – 21 = ___	85 – ___ = ___	___ – ___ = ___

Was fällt dir bei den Ergebnissen auf?

____

____

4 Bilde Minusaufgaben-Paare wie bei Aufgabe 3b.

___ – ___ = ___	___ – ___ = ___	___ – ___ = ___	___ – ___ = ___
___ – ___ = ___	___ – ___ = ___	___ – ___ = ___	___ – ___ = ___

5 Setze die Ziffern passend ein. [1] [3] [8] [9]

☐☐ – ☐☐ = 76	☐☐ – ☐☐ = 58	☐☐ – ☐☐ = 42
☐☐ – ☐☐ = 67	☐☐ – ☐☐ = 85	☐☐ – ☐☐ = 64

 SB S. 18, 19

1 Rechne.

2 · ___ = 14	5 · ___ = 15	10 · ___ = 20
5 · ___ = 20	10 · ___ = 30	2 · ___ = 12
2 · ___ = 10	5 · ___ = 40	10 · ___ = 80
5 · ___ = 25	5 · ___ = 50	2 · ___ = 16

2 Rechne.

___ · 5 = 30	___ · 2 = 16	___ · 10 = 10	___ · 10 = 50
___ · 2 = 18	___ · 10 = 80	___ · 5 = 45	___ · 5 = 25
___ · 5 = 40	___ · 2 = 14	___ · 2 = 8	___ · 10 = 100

3 Rechne.

12 = ___ · 2	25 = ___ · 5	6 = 2 · ___	12 = 2 · ___
14 = ___ · 2	40 = ___ · 10	50 = 5 · ___	60 = 10 · ___
70 = ___ · 10	35 = ___ · 5	10 = 5 · ___	15 = 3 · ___

4 Schreibe die Malaufgaben und rechne.

Wie viele Beine haben 5 Hunde, 5 Katzen und 3 Gänse insgesamt?

Wie viele Beine haben 5 Pferde, 5 Kühe, 2 Schafe und 8 Hühner insgesamt?

Wie viele Zehen haben die linken Füße aller Kinder deiner Klasse insgesamt?

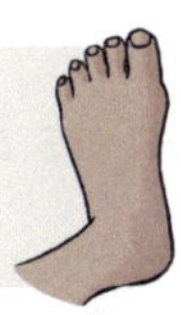

SB S. 20

1 Rechne.

a)
1 · 4 = ___
2 · 4 = ___
5 · 4 = ___
10 · 4 = ___

b)
1 · 6 = ___
2 · 6 = ___
5 · 6 = ___
10 · 6 = ___

c)
1 · 7 = ___
2 · 7 = ___
5 · 7 = ___
10 · 7 = ___

d)
1 · 8 = ___
2 · 8 = ___
5 · 8 = ___
10 · 8 = ___

e)
1 · 9 = ___
2 · 9 = ___
5 · 9 = ___
10 · 9 = ___

2 Rechne mithilfe der Kernaufgaben.

a)
6 · 4 = ___ | 3 · 7 = ___ | 6 · 8 = ___ | 3 · 9 = ___

+ 5 · 4 = ___, ___ · 4 = ___ | + 2 · 7 = ___, ___ · 7 = ___ | + 5 · 8 = ___, ___ · 8 = ___ | + 2 · 9 = ___, ___ · 9 = ___

b)
4 · 7 = ___ | 9 · 6 = ___ | 4 · 8 = ___ | 9 · 4 = ___

− 5 · 7 = ___, ___ · 7 = ___ | − 10 · 6 = ___, ___ · 6 = ___ | − 5 · 8 = ___, ___ · 8 = ___ | − 10 · 4 = ___, ___ · 4 = ___

c)
7 · 8 = ___ | 8 · 6 = ___ | 7 · 6 = ___ | 9 · 8 = ___

○ 5 · 8 = ___, ___ · 8 = ___ | ○ 10 · 6 = ___, ___ · 6 = ___ | ○ 5 · 6 = ___, ___ · 6 = ___ | ○ 10 · 8 = ___, ___ · 8 = ___

d)
7 · 4 = ___ | 9 · 9 = ___ | 9 · 6 = ___ | 7 · 7 = ___

○ ___ ___ | ○ ___ ___ | ○ ___ ___ | ○ ___ ___

3 Welche Malaufgaben können es sein?

Das Ergebnis ist um 6 größer als 6 · 6.

___

Das Ergebnis ist um 7 kleiner als 6 · 7.

___

Das Ergebnis ist um 8 kleiner als 8 · 5.

___

1 Rechne Aufgabe und Tauschaufgabe.

$2 \cdot 7 =$ ___ $5 \cdot 4 =$ ___ $5 \cdot 6 =$ ___ $2 \cdot 9 =$ ___

$7 \cdot 2 =$ ___________

2 Rechne Aufgabe und Tauschaufgabe.

$9 \cdot 3 =$ ___ $4 \cdot 7 =$ ___ $6 \cdot 7 =$ ___ $8 \cdot 6 =$ ___

$3 \cdot 6 =$ ___ $9 \cdot 6 =$ ___ $8 \cdot 4 =$ ___ $7 \cdot 8 =$ ___

$4 \cdot 6 =$ ___ $9 \cdot 8 =$ ___ $4 \cdot 9 =$ ___ $7 \cdot 9 =$ ___

3 Rechne.

a)	b)	c)	d)
$4 \cdot$ ___ $= 32$	$9 \cdot$ ___ $= 36$	___ $\cdot 6 = 36$	___ $\cdot 8 = 64$
$8 \cdot$ ___ $= 8$	$3 \cdot$ ___ $= 12$	___ $\cdot 7 = 70$	___ $\cdot 4 = 24$
$7 \cdot$ ___ $= 28$	$7 \cdot$ ___ $= 63$	___ $\cdot 9 = 81$	___ $\cdot 7 = 49$
$9 \cdot$ ___ $= 0$	$6 \cdot$ ___ $= 24$	___ $\cdot 3 = 18$	___ $\cdot 7 = 56$
$8 \cdot$ ___ $= 16$	$6 \cdot$ ___ $= 42$	___ $\cdot 9 = 27$	___ $\cdot 8 = 40$

4 Welche Zahl ist es?

Die Zahl gehört zur Neunerreihe. Sie hat halb so viele Zehner wie Einer.

____

Die Zahl gehört zur Siebenerreihe. Sie hat doppelt so viele Zehner wie Einer.

____

Die Zahl gehört zur Dreier-, Vierer-, Sechser- und Achterreihe.

____

1 Mutter kauft im Supermarkt Äpfel. In jeder Packung sind 4 Äpfel.

Wie viele Äpfel kauft Mutter, wenn sie …

a) 2 Packungen kauft? ______

b) 5 Packungen kauft? ______

c) 3 Packungen kauft? ______

2 Finde eine passende Frage. Rechne und antworte.

Mutter kauft 6 Packungen Kiwi. In jeder Packung sind 6 Stück.

F: ______

R: ☐☐☐☐☐☐☐ A: ______

Ali liest jeden Tag 4 Seiten im Buch. Nach 9 Tagen ist er fertig.

F: ______

R: ☐☐☐☐☐☐☐ A: ______

Jana sammelt Sticker. Auf einem Bogen sind 10 Sticker.
Jana hat 8 Bogen.

F: ______

R: ☐☐☐☐☐☐☐ A: ______

Tobi sammelt Fußballbilder. In einem Päckchen sind 4 Bilder.
Von Oma bekommt er 7 Päckchen.

F: ______

R: ☐☐☐☐☐☐☐ A: ______

3 Fredo liest ein Buch mit 72 Seiten.
Wie lange braucht er, wenn er am Tag 8 Seiten liest?

R: ☐☐☐☐☐☐☐

A: ______

1 Aufgabe und Umkehraufgabe

a) 20 : 10 = ___
___ · 10 = 20

b) 50 : 5 = ___
___ · 5 = 50

c) 16 : 2 = ___
___ · 2 = 16

2 3 Zahlen – 4 Aufgaben

6	8	48

6 · 8 = 48
8 · 6 = ___
___ : ___ = ___
___ : ___ = ___

7		56

___ · ___ = ___
___ · ___ = ___
___ : ___ = ___
___ : ___ = ___

		18

___ · ___ = ___
___ · ___ = ___
___ : ___ = ___
___ : ___ = ___

3 Rechne.

a) 36 : ___ = 9
27 : ___ = 3
42 : ___ = 6
32 : ___ = 4

b) 24 : ___ = 6
49 : ___ = 7
28 : ___ = 4
63 : ___ = 9

c) 35 : ___ = 5
12 : ___ = 3
56 : ___ = 8
80 : ___ = 8

4 Rechne. Die Umkehraufgabe hilft.

a) ___ : 8 = 4
___ : 5 = 6
___ : 2 = 8
___ : 3 = 9

b) ___ : 7 = 6
___ : 4 = 9
___ : 9 = 5
___ : 8 = 6

c) ___ : 3 = 5
___ : 6 = 3
___ : 6 = 10
___ : 7 = 3

5 Teile diese Zahlen: 56 32 40 24 48

a) Das Ergebnis soll gleich 8 sein.

56 : 7 = 8

b) Das Ergebnis soll kleiner als 8 sein.

Teilen mit Rest

1 Wie viele 7er-Türme kannst du bauen? Wie viele Würfel bleiben übrig?

26 : 7 = ___ R ___

32 : 7 = ___ R ___

37 : 7 = ___ R ___

2 Rechne.

a)	b)	c)	d)
45 : 5 = ____	45 : 5 = ____	49 : 7 = ____	49 : 7 = ____
46 : 5 = ____	44 : 5 = ____	51 : 7 = ____	47 : 7 = ____
47 : 5 = ____	43 : 5 = ____	53 : 7 = ____	45 : 7 = ____
48 : 5 = ____	42 : 5 = ____	55 : 7 = ____	43 : 7 = ____
49 : 5 = ____	41 : 5 = ____	57 : 7 = ____	41 : 7 = ____
50 : 5 = ____	40 : 5 = ____	59 : 7 = ____	39 : 7 = ____

3 Wie heißt die gesuchte Zahl? Male sie an.

a)

Wenn ich meine Zahl durch 4 teile, erhalte ich als Ergebnis 7 R 2.

31 | 29 | 30

b)

Wenn ich meine Zahl durch 9 teile, erhalte ich als Ergebnis 7 R 3.

65 | 66 | 67

4 Ordne die Geteiltaufgaben den Kisten zu. Male in der richtigen Farbe an.

67 : 7 | 39 : 5 | 27 : 4 | 62 : 7

34 : 9 | 35 : 8 | 53 : 9 | 41 : 6 | 28 : 5

58 : 6 | 76 : 9 | 24 : 7 | 39 : 8

Achtung! 1 Karte bleibt übrig.

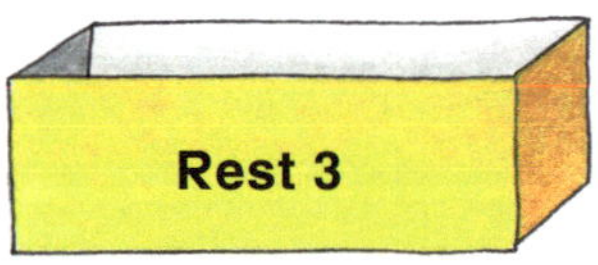

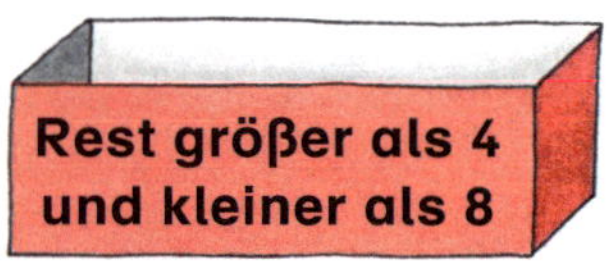

SB S. 28, 29

1 Aufgabe und Umkehraufgabe: Rechne und male mit gleicher Farbe an.

4 · 7 = ___	27 : 9 = ___	32 : 4 = ___	9 · 8 = ___
72 : 8 = ___	48 : 6 = ___	18 : 3 = ___	3 · 9 = ___
8 · 6 = ___	6 · 3 = ___	28 : 7 = ___	8 · 4 = ___

2 Setze ein: (>), (<), (=). Musst du überall rechnen?

a) 24 : 4 ◯ 48 : 8 b) 40 : 8 ◯ 42 : 6 c) 40 : 4 ◯ 40 : 10

d) 27 : 3 ◯ 24 : 4 e) 28 : 4 ◯ 56 : 8 f) 80 : 10 ◯ 32 : 4

3 Welche Zahl ist es?

a) Du kannst die Zahl durch 7 teilen.
Die Zahl ist eine Nachbarzahl von 50.
___

b) Die Zahl ist kleiner als 20, aber größer als 10.
Die Zahl ist gerade.
Sie gehört zum Einmaleins mit 9.
___

c) Die Zahl ist größer als 30, aber kleiner als 40.
Die Zahl ist gerade.
Du kannst die Zahl durch 6 teilen.
___

d) Du kannst die Zahl durch 5 und 3 teilen.
Sie ist größer als 10 und kleiner als 20.
___

4 Zahlenrätsel

Die Zahl ist um 25 kleiner als 7 · 9.

___

Teile 81 durch 9 und zähle zum Ergebnis 42 dazu.

___

Ich nehme meine Zahl mit 6 mal. Das Ergebnis teile ich durch 4 und erhalte 9.

___

Lustige Rechengeschichten

1 Fredo fährt am Wochenende zum Angeln an einen See.
Am Freitag angelt er 16 Fische und 3 Plastikeimer.
Am Samstag angelt er 18 Fische und 4 Schuhe.
Am Sonntag angelt er nur 2 Fische.
Wie viele Fische hat er insgesamt geangelt?

A: ______________________________

2 Fips zieht sich im Winter jeden Morgen Schal, Mütze und Pfotenschuhe an.
Für das Anziehen der Mütze braucht er 4 Minuten.
Für das Zubinden des Schals braucht er 12 Minuten.
Um alle Pfotenschuhe anzuziehen, benötigt er insgesamt 16 Minuten.
a) Wie lange braucht Fips, um sich anzuziehen?
b) Wie lange braucht er, um einen Pfotenschuh anzuziehen?

A: a) ______________________________

b) ______________________________

____

3 Frida trainiert für das große Flugabzeichen. Dafür fliegt sie jeden Tag mehrere Runden um das Schloss. Am ersten Tag schafft sie 10 Runden. Jeden weiteren Tag schafft sie doppelt so viele Runden wie am Vortag.
Wie viele Runden ist sie nach 5 Tagen insgesamt geflogen?

A: ______________________________

Das kann ich jetzt! 1

1 Informationen entnehmen und übertragen

Lieblingsfarben der Klasse 3a		
Farbe	Jungen	Mädchen
Gelb		
Rot	3	4
Blau	5	
Grün		2
Rosa	0	5

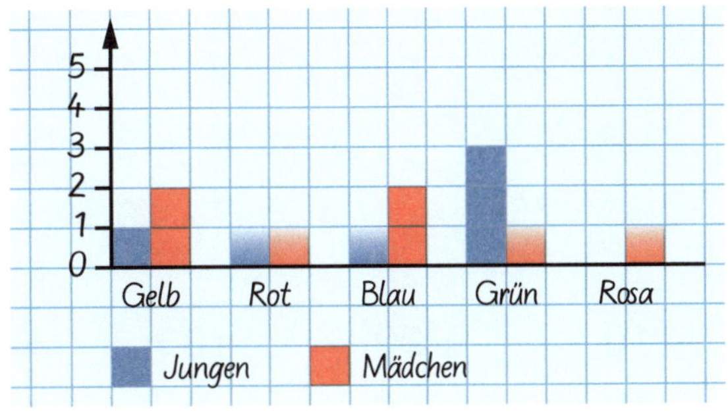

Anzahl der Jungen: ____

Anzahl der Mädchen: ____

2 Aufgaben am Rechenstrich lösen

a) 57 + 26 = ____

b) 71 – 34 = ____

3 Einmaleinsaufgaben lösen

·	4	6	7	8
3				
5				
8				

4 Geteiltaufgaben lösen

56 : 7 = ____ 40 : 8 = ____

42 : 6 = ____ 35 : 7 = ____

27 : 3 = ____ 72 : 9 = ____

32 : 4 = ____ 48 : 6 = ____

54 : 9 = ____ 24 : 4 = ____

5 Platzhalteraufgaben lösen

____ · 3 = 21 6 · ____ = 48 ____ · 4 = 36 7 · ____ = 56

6 Zu Malgeschichten eine passende Frage finden und sie lösen

Jette liest jeden Tag im Buch 8 Seiten. Nach 9 Tagen ist sie fertig.

F: ______________________________

R: ______ A: ______________________

Das Einmaleins üben 1

1

9 · 3 = ___	4 · 4 = ___	9 · 4 = ___	9 · 9 = ___
4 · 6 = ___	3 · 2 = ___	10 · 8 = ___	6 · 9 = ___
4 · 7 = ___	2 · 5 = ___	5 · 8 = ___	2 · 10 = ___
9 · 8 = ___	8 · 5 = ___	2 · 8 = ___	2 · 2 = ___
5 · 7 = ___	7 · 10 = ___	2 · 5 = ___	6 · 3 = ___

10 · ___ = 90	10 · ___ = 10	___ · 10 = 60	___ · 10 = 80
10 · ___ = 20	2 · ___ = 4	___ · 1 = 2	___ · 5 = 35
5 · ___ = 25	3 · ___ = 15	___ · 5 = 45	___ · 5 = 10
9 · ___ = 81	7 · ___ = 63	___ · 10 = 70	___ · 1 = 9
6 · ___ = 6	9 · ___ = 45	___ · 2 = 10	___ · 5 = 15

2

25 : 5 = ___	18 : 9 = ___	2 : 1 = ___	72 : 9 = ___
50 : 10 = ___	32 : 8 = ___	28 : 4 = ___	5 : 5 = ___
36 : 9 = ___	36 : 4 = ___	72 : 8 = ___	16 : 8 = ___
9 : 9 = ___	40 : 4 = ___	45 : 5 = ___	49 : 7 = ___
30 : 10 = ___	2 : 2 = ___	8 : 2 = ___	9 : 3 = ___

63 : ___ = 7	90 : ___ = 10	___ : 8 = 8	___ : 5 = 8
9 : ___ = 3	20 : ___ = 2	___ : 8 = 1	___ : 5 = 1
6 : ___ = 3	60 : ___ = 6	___ : 10 = 10	___ : 2 = 2
10 : ___ = 5	36 : ___ = 9	___ : 9 = 9	___ : 8 = 5
35 : ___ = 5	3 : ___ = 3	___ : 3 = 10	___ : 2 = 9

3 In einer Schachtel Pralinen sind 4 Reihen mit jeweils 5 Pralinen.
Wie viele Pralinen sind in der Schachtel?

A: ____________________

4 Wie viele Ecken haben 8 Dreiecke zusammen?

A: ____________________

 SB S. 32, 33

Hunderter – Zehner – Einer

1 Immer zwei Karten gehören zusammen. Verbinde und schreibe die Zahlen auf.

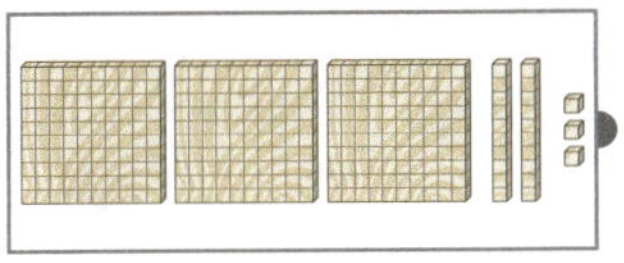

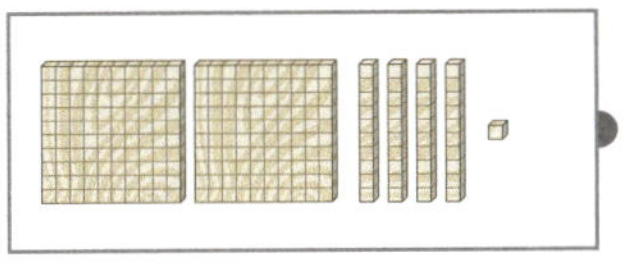

3 H + 2 Z + 3 E   300 + 20 + 3 = ______

2 H + 4 Z + 1 E   ______

2 H + 3 Z + 1 E   ______

2 Lege nach. Schreibe die Zahlen auf.

______

______

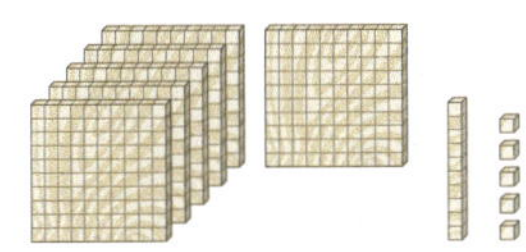
______

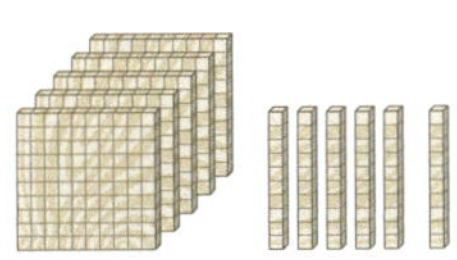
______

______

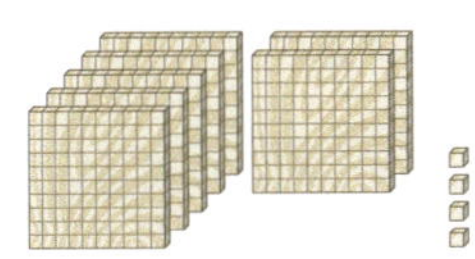
______

3 Welche Zahl ist es?

Meine Zahl hat 6 Hunderter, 2 Zehner und 7 Einer. ______

Meine Zahl hat 5 Hunderter, 7 Zehner und 5 Einer. ______

Meine Zahl hat 2 Hunderter, 5 Zehner und 5 Einer. ______

Meine Zahl hat 4 Hunderter und 8 Zehner. ______

Meine Zahl hat 7 Hunderter und 6 Einer. ______

4 Welche Zahl ist es?

Meine Zahl hat 6 Hunderter, halb so viele Zehner wie Hunderter und 2 Einer.	Meine Zahl hat 4 Einer, halb so viele Zehner wie Einer und 3 Hunderter.	Meine Zahl hat 3 Zehner, doppelt so viele Hunderter wie Zehner und 4 Einer.
______	______	______

 SB S. 34, 35

Zahlen schreiben / Zahlen zerlegen

1 Lege mit Zahlenkarten und schreibe als Zahlen.

dreihundert | vier | und | achtzig ____

zweihundert | ein | und | zwanzig ____

sechshundert | zwei | und | vierzig ____

vierhundert | sechs | und | dreißig ____

2 Lege mit Zahlenkarten und schreibe als Zahlen.

dreihundert | acht | und | zwanzig ____

vierhundert | neun | und | siebzig ____

zweihundert | drei | und | vierzig ____

siebenhundert | neunzig ____

fünfhundert | sechzig ____

achthundert | sieben ____

---

3 Lege mit Zahlenkarten und zerlege in Hunderterzahlen, Zehnerzahlen und Einerzahlen.

436 = 400 + 30 + ____

827 = ____ + ____ + ____

635 = ____ + ____ + ____

382 = ____ + ____ + ____

591 = ____ + ____ + ____

916 = ____ + ____ + ____

4 Zerlege in Hunderterzahlen, Zehnerzahlen und Einerzahlen.

728 = ____________

390 = ____________

208 = ____________

159 = ____________

918 = ____________

461 = ____________

950 = ____________

402 = ____________

5 Schreibe als Zahlen.

zweihundertsiebenundneunzig ____

vierhundertneunzehn ____

einhundertfünf ____

achthundertsechzig ____

sechshundertneun ____

neunhundertvierundvierzig ____

6 Du erhältst meine gedachte Zahl, wenn du …

a) 430 verdoppelst und dann die Einer um 4 vergrößerst. ____

b) 640 halbierst und dann die Zehner halbierst. ____

c) 824 halbierst und dann die Einer verdoppelst. ____

1 Zeichne das Zahlbild.

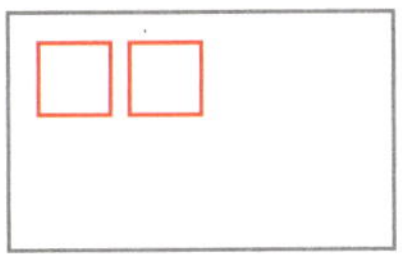

2 H 3 Z 5 E | 4 H 2 Z 1 E | 5 H 1 Z 3 E | 6 H 3 Z 2 E | 3 H 4 Z 5 E

2 Welche Zahlen sind das? Notiere in die Stellenwerttafel.

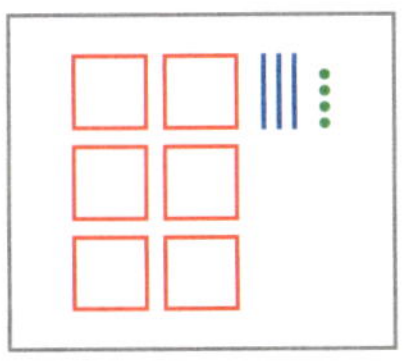

T	H	Z	E

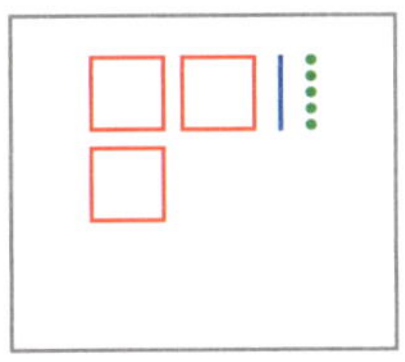

T	H	Z	E

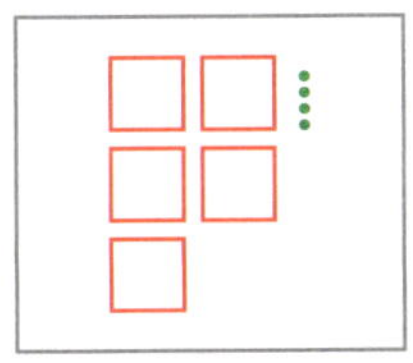

T	H	Z	E

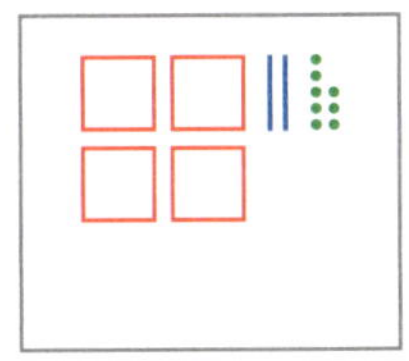

T	H	Z	E

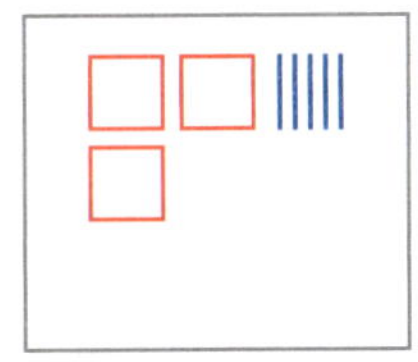

T	H	Z	E

3 Zeichne das Zahlbild.

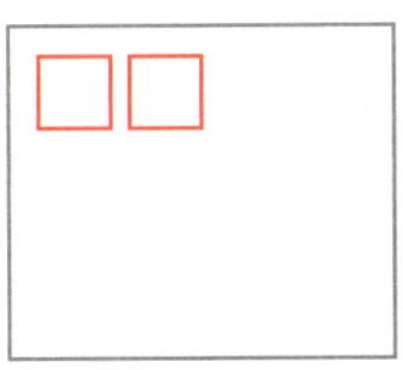

287 | 609 | 345 | 820 | 521

4 Welche Zahlen sind das? Notiere in die Stellenwerttafel.

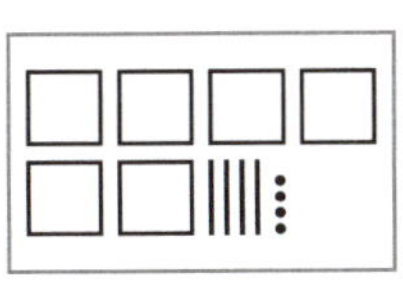

T	H	Z	E

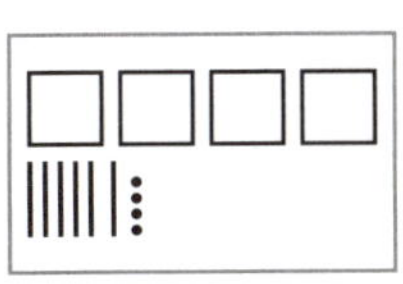

T	H	Z	E

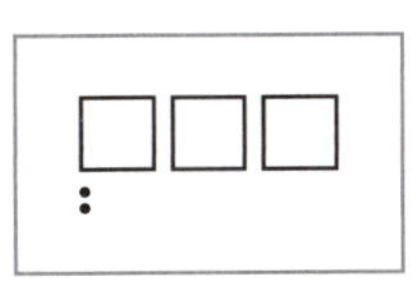

T	H	Z	E

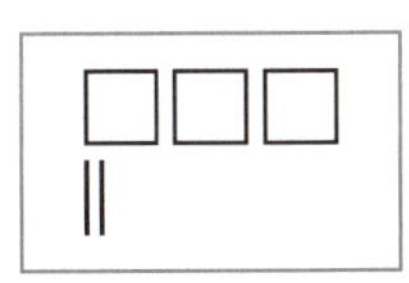

T	H	Z	E

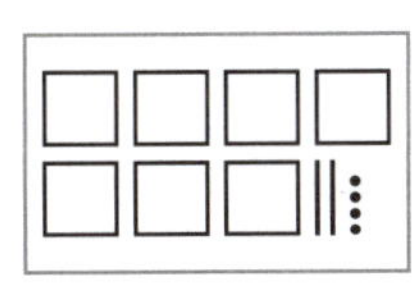

T	H	Z	E

5 Notiere die Zahlen in die Stellenwerttafel. Achtung: Du musst zuerst wechseln.

2 H 12 Z 1 E

T	H	Z	E

7 H 3 Z 14 E

T	H	Z	E

9 H 31 E

T	H	Z	E

35 Z

T	H	Z	E

46 Z 2 E

T	H	Z	E

SB S. 40, 41

1 Lege und rechne.

6 + 2 = ___	5 + 3 = ___	3 + 4 = ___
6 Z + 2 Z = ___	5 Z + 3 Z = ___	3 H + 4 H = ___
60 + 20 = ___	50 + 30 = ___	300 + 400 = ___
9 − 4 = ___	9 − 5 = ___	8 − 3 = ___
9 Z − 4 Z = ___	9 H − 5 H = ___	8 H − 3 H = ___
90 − 40 = ___	900 − 500 = ___	800 − 300 = ___

2 Rechne.

600 + 200 = ___	700 − 400 = ___
400 + 500 = ___	800 − 300 = ___
200 + 500 = ___	900 − 600 = ___
300 + 100 = ___	600 − 200 = ___

3 Rechne.

8 + 4 = ___	9 + 2 = ___	___ + ___ = ___
8 Z + 4 Z = ___	9 Z + 2 Z = ___	___ + ___ = ___
80 + 40 = ___	90 + 20 = ___	70 + 60 = ___
14 − 6 = ___	12 − 8 = ___	___ − ___ = ___
14 Z − 6 Z = ___	12 Z − 8 Z = ___	___ − ___ = ___
140 − 60 = ___	120 − 80 = ___	160 − 90 = ___

4 Zahlenrätsel

Die Zahl heißt ___.

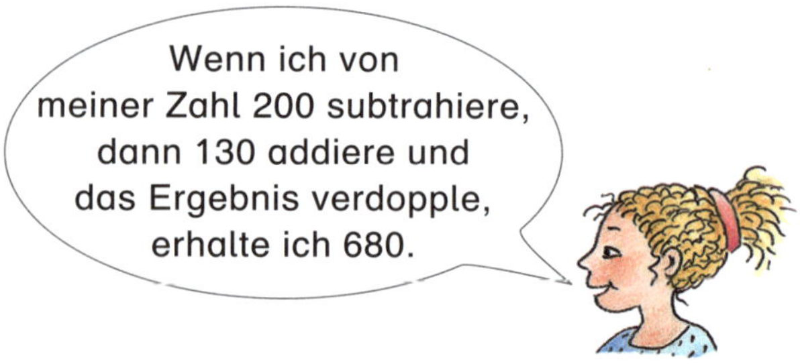

Die Zahl heißt ___.

5 Markiere. Welche Stelle ändert sich im Ergebnis? Rechne.

400 + 2 = ___	700 + 2 = ___	888 – 1 = ___
400 + 20 = ___	700 + 20 = ___	888 – 10 = ___
400 + 200 = ___	700 + 200 = ___	888 – 100 = ___

6 Markiere. Welche Stelle ändert sich im Ergebnis? Rechne.

624 + 2 = ___	594 – 3 = ___	876 – 5 = ___
624 + 20 = ___	594 – 30 = ___	876 – 50 = ___
624 + 200 = ___	594 – 300 = ___	876 – 500 = ___

7 Markiere: Welche Stelle hat sich im Ergebnis geändert? Rechne.

426 + ___ = 486	345 + ___ = 355	167 + ___ = 767
426 + ___ = 429	345 + ___ = 645	167 + ___ = 187
426 + ___ = 626	345 + ___ = 349	167 + ___ = 168
853 – ___ = 823	886 – ___ = 846	528 – ___ = 508
853 – ___ = 353	886 – ___ = 884	528 – ___ = 428
853 – ___ = 851	886 – ___ = 486	528 – ___ = 527

8 Bilde Plusaufgaben. Das Ergebnis soll zwischen 750 und 900 liegen.

350 | 90 | 220 | 560 | 60 | 490 | 710 | 140 | 800

9 Bilde Minusaufgaben. Das Ergebnis soll zwischen 350 und 500 liegen.

540 | 70 | 630 | 140 | 260 | 80 | 440

SB S. 42, 43

1 Welche Zahlen sind es?

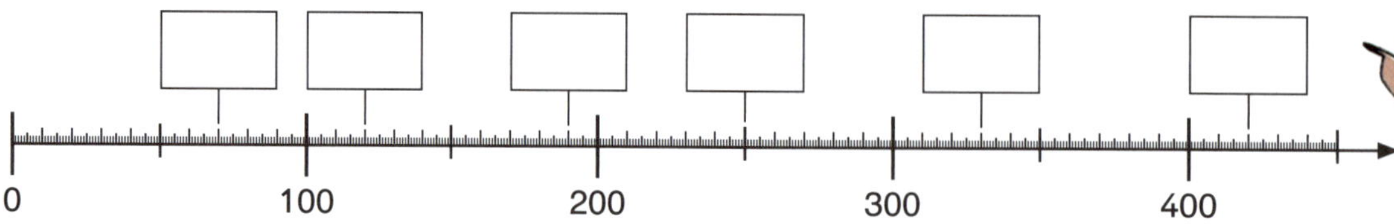

2 Welche Zahlen sind es?

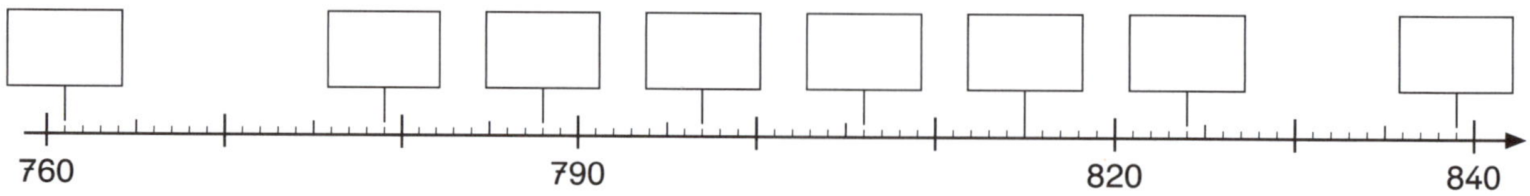

3 Verbinde.

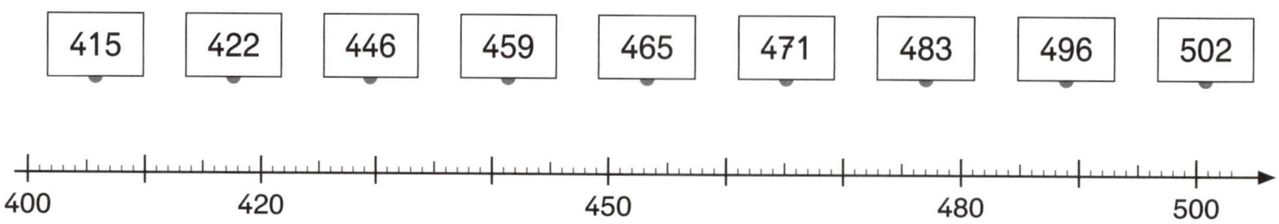

4 Wie heißt die Zahl genau in der Mitte?

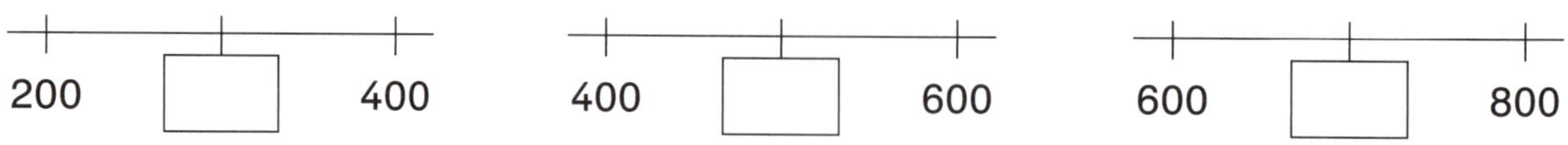

5 Wie heißt die Zahl genau in der Mitte?

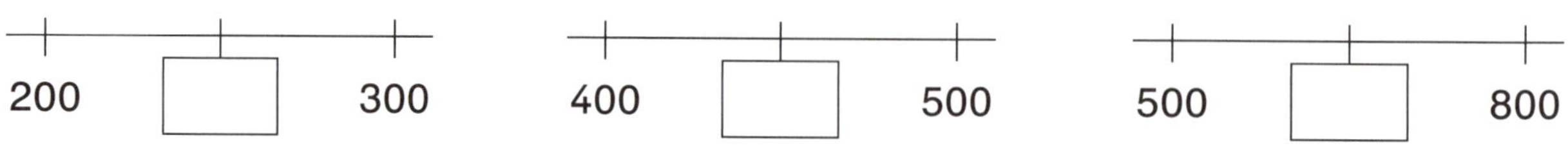

6 Wie heißt die Zahl genau in der Mitte?

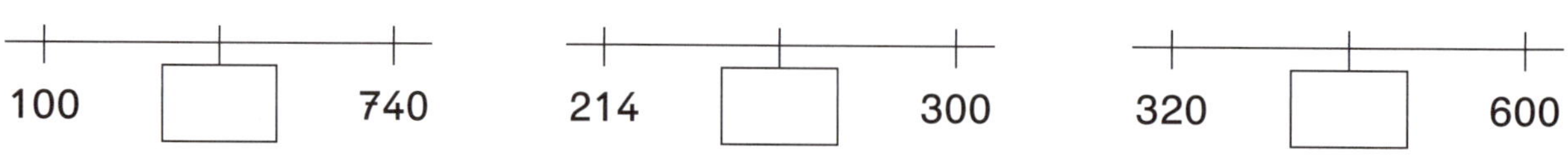

Nachbarzahlen / Zahlen vergleichen

SB S. 44, 45

1 Wie heißen die …

a) Nachbarzahlen?

____ 167 ____
____ 467 ____
____ 867 ____

b) Nachbarzehner?

____ 167 ____
____ 467 ____
____ 867 ____

c) Nachbarhunderter?

____ 167 ____
____ 467 ____
____ 867 ____

2 Wie heißen die …

a) Nachbarzahlen?

____ 258 ____
____ 374 ____
____ 132 ____

b) Nachbarzehner?

____ 258 ____
____ 374 ____
____ 132 ____

c) Nachbarhunderter?

____ 258 ____
____ 374 ____
____ 132 ____

3 Wie heißen die Nachbarzehner?
Kreise immer die Zehnerzahl ein, die näher an der Zahl liegt.

720 726 (730)	____ 341 ____	____ 823 ____	____ 598 ____
____ 704 ____	____ 348 ____	____ 997 ____	____ 302 ____

4 Vergleiche: >, <, =

470 ◯ 740	732 ◯ 723	395 ◯ 593	580 ◯ 850
630 ◯ 630	369 ◯ 396	501 ◯ 150	464 ◯ 446

5 Ordne die Zahlen nach der Größe. Beginne mit der kleinsten Zahl.

457 453 444 475 435 489 498 476 467

435 < ____________________

6 Welche Zahlen können es sein?

Die Nachbarhunderter meiner Zahl heißen 700 und 800. Sie hat 8 Einer und halb so viele Zehner.

____

Meine Zahl hat dreimal so viele Einer wie Zehner und genauso viele Hunderter wie Einer.

____

Würfelnetze und Kopfgeometrie

SB S. 48, 49

1 Male Seiten, die sich im Würfel gegenüberliegen, in der gleichen Farbe an.

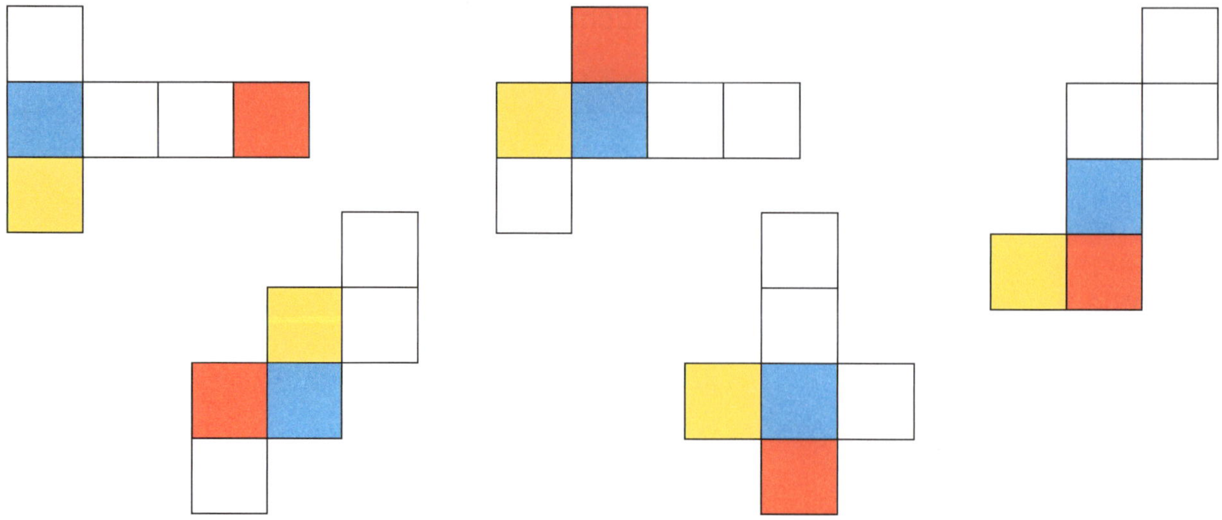

2 Male Seiten, die sich im Würfel gegenüberliegen, in der gleichen Farbe an.

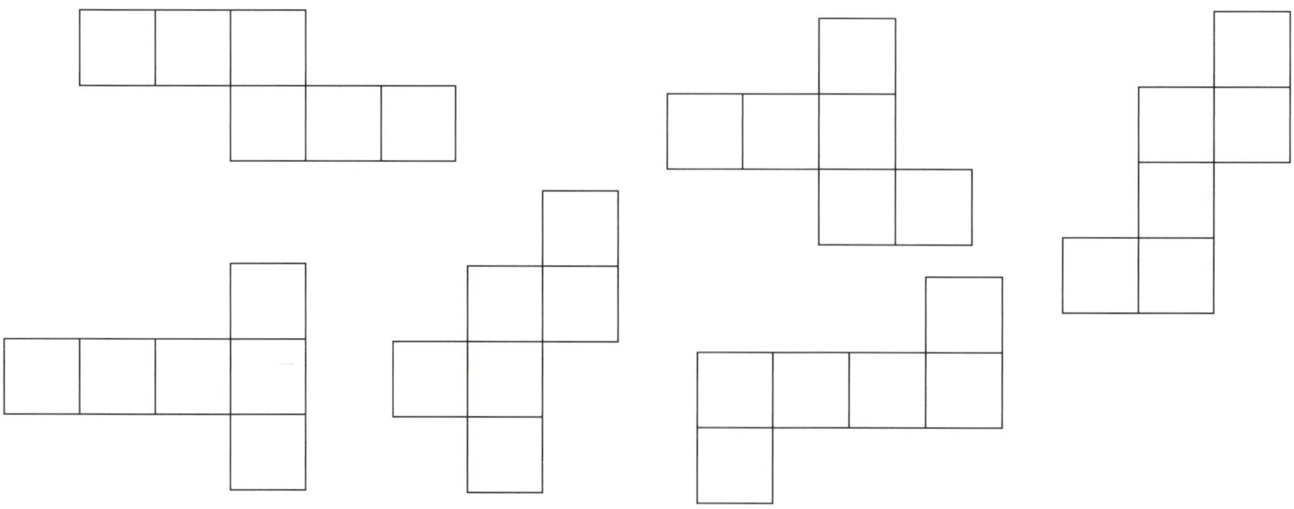

3 Welches Würfelnetz passt zu welchem Würfel? Verbinde. Ein Netz bleibt übrig.

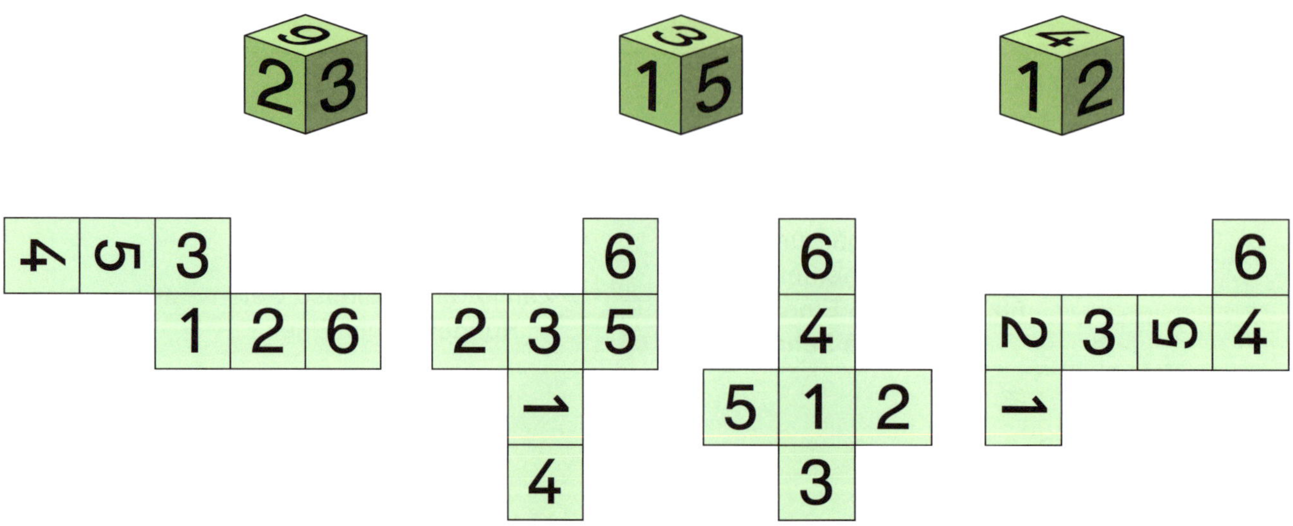

SB S. 50, 51

1 a) Wie viele kleine Würfel wurden jeweils verbaut?
b) Ergänze jedes Gebäude zu Justus' Würfel. Wie viele kleine Würfel fehlen?

	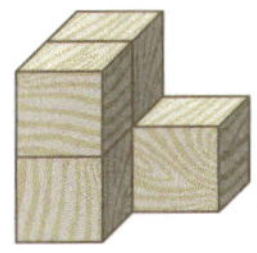 A	 B	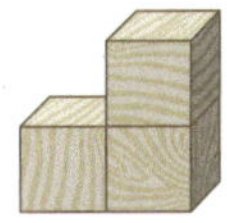 C	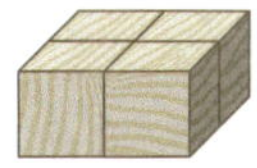 D
a) verbaute Würfel:	5			
b) fehlende Würfel:	3			

2 a) Wie viele kleine Würfel wurden jeweils verbaut?
b) Ergänze jedes Gebäude zu Jettes Würfel. Wie viele kleine Würfel fehlen?

	 A	 B	 C	 D
a) verbaute Würfel:				
b) fehlende Würfel:				

3 Je zwei Gebäude sind gleich. Verbinde sie miteinander.

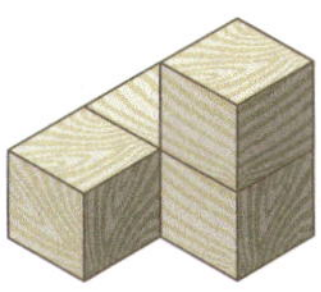
A

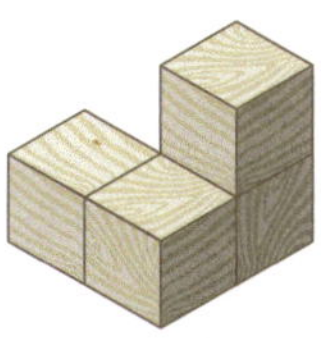
B

C

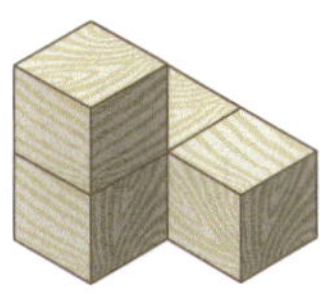
D

4 Immer zwei Teile ergeben zusammen einen Würfel. Verbinde.

A

B

C

D

E

F

Das kann ich jetzt! 2

1 Zahlen unterschiedlich darstellen

a)

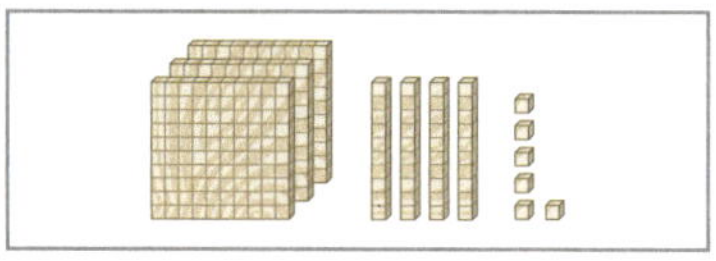
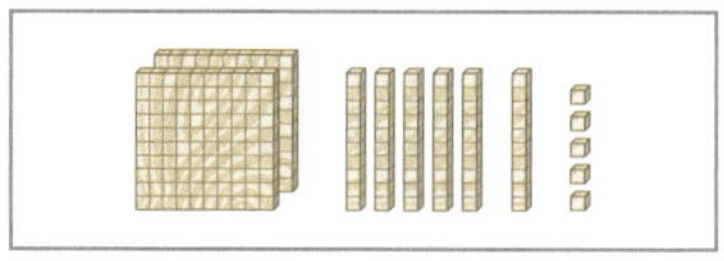
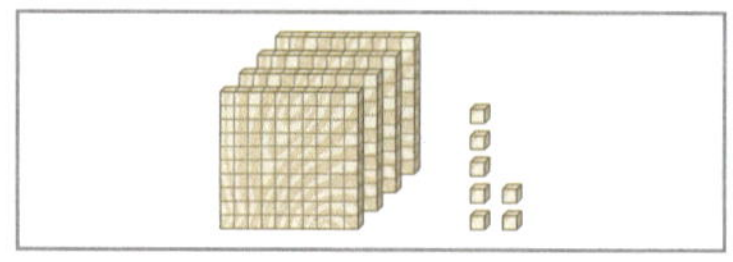

_____ _____ _____

b)

253 481 653

c)

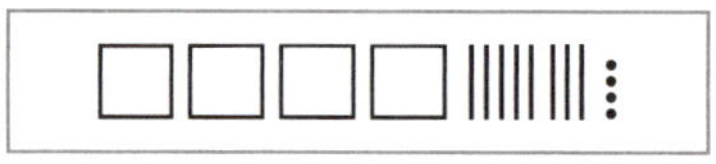
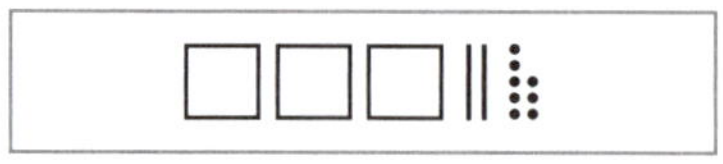
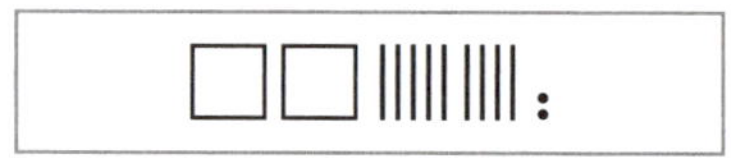

T	H	Z	E

T	H	Z	E

T	H	Z	E

2 Zahlwörter lesen und schreiben

siebenhundert neun und fünfzig _____

vierhundert acht _____

zweihundert sechs und dreißig _____

dreihundert siebzig _____

3 Zahlen zerlegen

729 = _____________________

158 = _____________________

840 = _____________________

404 = _____________________

4 Zahlen am Zahlenstrahl ablesen und zuordnen

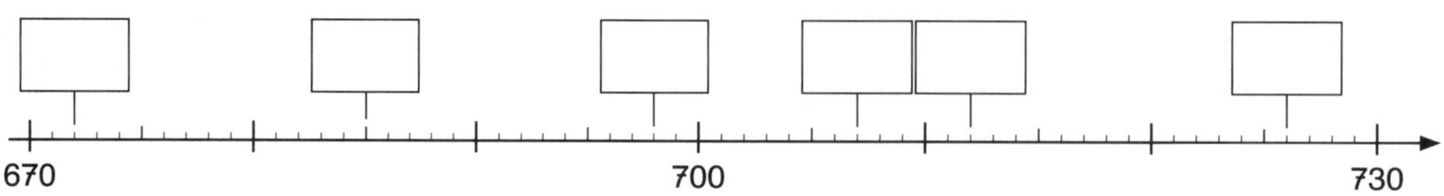

675 680 692 703 717 721

5 Die Zahl in der Mitte finden

200 ☐ 300

500 ☐ 600

600 ☐ 900

6 Nachbarn bestimmen

Nachbarzahlen	Nachbarzehner	Nachbarhunderter
______ 342 ______	______ 342 ______	______ 342 ______
______ 658 ______	______ 658 ______	______ 658 ______

7 Zahlen vergleichen

657 ◯ 675   484 ◯ 448   789 ◯ 798

8 Mit Hundertern rechnen

400 + 200 = ______	600 – 200 = ______
600 + 300 = ______	500 – 300 = ______
100 + 300 = ______	800 – 500 = ______
300 + 700 = ______	900 – 400 = ______

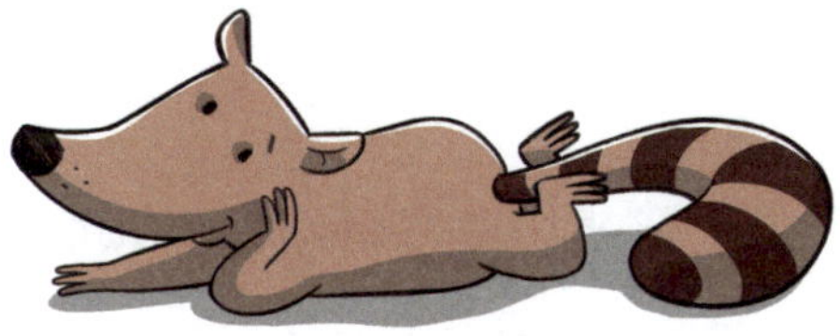

9 Mit Zehnerzahlen rechnen

7 + 5 = ______	6 + 8 = ______	13 – 7 = ______
7 Z + 5 Z = ______	6 Z + 8 Z = ______	13 Z – 7 Z = ______
70 + 50 = ______	60 + 80 = ______	130 – 70 = ______

10 Stellenwerte zum Lösen der Aufgabe nutzen

537 + ______ = 539	354 + ______ = 554	793 – ______ = 723
537 + ______ = 567	354 + ______ = 394	793 – ______ = 693
537 + ______ = 737	354 + ______ = 359	793 – ______ = 791

11 Bei Würfelnetzen die gegenüberliegenden Seiten erkennen und in derselben Farbe anmalen

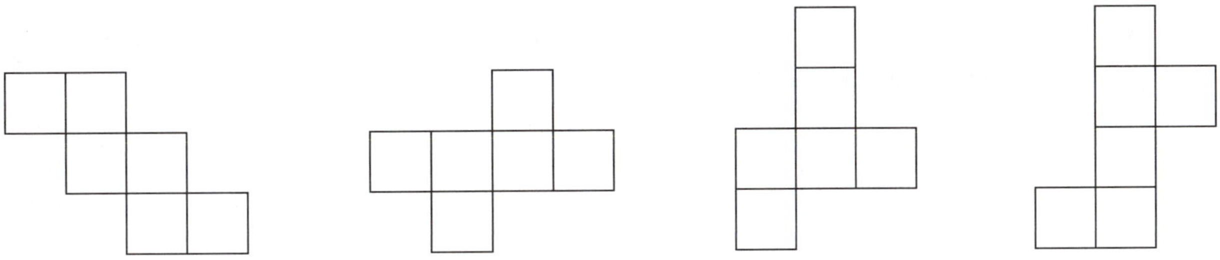

Das Einmaleins üben 2

1 Rechne Malaufgabe und Tauschaufgabe.

a)	b)	c)
7 · 2 = ___	5 · 9 = ___	7 · 3 = ___
2 · 7 = ___	___ · ___ = ___	___ · ___ = ___
8 · 4 = ___	4 · 3 = ___	4 · 7 = ___
___ · ___ = ___	___ · ___ = ___	___ · ___ = ___
5 · 6 = ___	8 · 6 = ___	9 · 8 = ___
___ · ___ = ___	___ · ___ = ___	___ · ___ = ___
3 · 9 = ___	9 · 7 = ___	6 · 4 = ___
___ · ___ = ___	___ · ___ = ___	___ · ___ = ___

2 Rechne Geteiltaufgabe und Umkehraufgabe.

a)	b)	c)
24 : 6 = 4	72 : 8 = ___	56 : 8 = ___
4 · 6 = ___	___ · ___ = ___	___ · ___ = ___
70 : 7 = ___	36 : 6 = ___	54 : 6 = ___
___ · ___ = ___	___ · ___ = ___	___ · ___ = ___
16 : 4 = ___	42 : 7 = ___	64 : 8 = ___
___ · ___ = ___	___ · ___ = ___	___ · ___ = ___

3 Karim kauft 6 Päckchen Fußballkarten. In jedem Päckchen sind 5 Karten.
Wie viele Karten hat Karim insgesamt gekauft?

A: ______________________________

4 Für eine Theateraufführung stellt die Klasse 3a Stühle auf.
40 Personen kommen, es können immer 8 Stühle in einer Reihe stehen.
Wie viele Reihen sind es?

A: ______________________________

Geldbeträge legen

SB S. 52

1 Wie viel Euro sind es?

a)  ____ €

b)  ____ €

c)  ____ €

d)  ____ €

2 Wie viel Euro sind es?

a)  ____ €

b)  ____ €

c)  ____ €

d)  ____ €

3 Immer 500 Euro: Lege und zeichne nur mit Scheinen.

200 200 100	3 Scheine
	____ Scheine
	____ Scheine
	____ Scheine

4 Lege und zeichne mit möglichst wenigen Scheinen und Münzen.

312 €	353 €	795 €

5 Immer 600 Euro

6 Scheine, 3 davon sind gleich	6 Scheine, 4 davon sind gleich	8 Scheine, 5 davon sind gleich

1 Trage die Preise in die Tabelle ein.

€		ct		
1	2	0	0	12,00 €
				______ €
				______ €
				______ €
				______ €
				______ €

2 Schreibe in Euro und Cent.

a) 15,97 € = ____ € ____ ct
63,03 € = ____ € ____ ct
0,75 € = ____ € ____ ct
10,10 € = ____ € ____ ct

b) 900 ct = ____ € ____ ct
870 ct = ____ € ____ ct
555 ct = ____ € ____ ct
104 ct = ____ € ____ ct

3 Schreibe als Kommazahl.

a) 5 € 40 ct = ________
8 € 89 ct = ________
9 € 7 ct = ________

b) 3 € 18 ct = ________
78 € 27 ct = ________
37 € 4 ct = ________

c) 89 ct = ________
74 ct = ________
3 ct = ________

4 Setze richtig ein: ⊙>, ⊙<, ⊙=

a) 250 ct ◯ 2,05 €
381 ct ◯ 3,18 €
867 ct ◯ 8,76 €

b) 4 € 57 ct ◯ 4,75 €
3 € 48 ct ◯ 3,48 €
9 € 36 ct ◯ 9,36 €

c) 5,69 € ◯ 5 € 36 ct
7,01 € ◯ 7 € 10 ct
4,05 € ◯ 4 € 50 ct

5 Ordne die Preise der Größe nach. Beginne mit dem niedrigsten Preis.

3,03 € | 33 € | 30 € 3 ct | 30,30 € | 330 ct | 33 ct

________ < ________ < ________ < ________ < ________ < ________

6 Setze richtig ein: ⊙>, ⊙<, ⊙=

a) 2,55 € + 0,34 € ◯ 2,99 €
0,97 € + 1,28 € ◯ 2,25 €

b) 7,38 € + 1 € 57 ct ◯ 8,81 €
3,56 € + 2 € 51 ct ◯ 6,17 €

SB S. 54

1 Jana hat nach einer Stunde 4 Spiele für je 3 Euro und 2 Bücher für je 4,50 Euro verkauft.
Wie viel Euro hat sie insgesamt eingenommen?

4 Spiele:

2 Bücher:

zusammen:

A: Sie hat insgesamt ______ eingenommen.

2 Robin hat 3 Bücher für je 4 Euro, 5 CDs für je 3 Euro und 2 Autos für je 3,50 Euro verkauft.
Wie viel Euro hat er insgesamt eingenommen?

3 Bücher:

5 CDs:

2 Autos:

zusammen:

A: Er hat insgesamt ______ eingenommen.

3 Ali hat nach einiger Zeit 2 Konsolenspiele für je 8 Euro, 3 CDs für je 2 Euro, 2 Kartenspiele für je 1,50 Euro und einige Autos für je 2 Euro verkauft. In seiner Kasse sind 33 Euro.
Wie viele Autos hat Ali verkauft?

A: ______________________________

SB S. 57, 58

1 Lena und ihr Bruder Ben sind zusammen 21 Jahre alt.
Lena ist halb so alt wie Ben.

Wie alt ist Lena?
Wie alt ist Ben?
Probiere weiter.

Lena ist ______ Jahre alt.

Ben ist ______ Jahre alt.

Lena	Ben	beide zusammen
4	8	12
5	10	15
8	16	24

2 Löse die Knobelaufgabe mit der Tabelle.

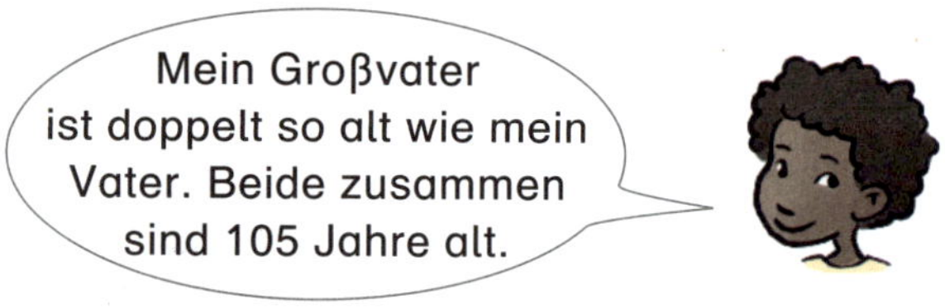

Toms Großvater ist ______ Jahre alt.

Toms Vater ist ______ Jahre alt.

Großvater	Vater	beide zusammen
60	30	

3 Olga und ihre Oma sind zusammen 83 Jahre alt.
Oma ist 65 Jahre älter als Olga.

Olga ist ______ Jahre alt.

Olgas Oma ist ______ Jahre alt.

Olga	Oma	beide zusammen
5	70	

4 Klara ist doppelt so alt wie ihre Schwester Maren und halb so alt wie ihr Bruder Max. Zusammen sind sie 21 Jahre alt.

Klara ist ______ Jahre alt.

Maren ist ______ Jahre alt.

Max ist ______ Jahre alt.

1 Über und unter 100: Rechne.

95 + 8 = ____ 94 + 9 = ____ 102 – 5 = ____ 105 – 8 = ____

96 + 7 = ____ 98 + 6 = ____ 107 – 7 = ____ 103 – 6 = ____

2 Über und unter den Hunderter: Rechne.

693 + 8 = ____ 897 + 4 = ____ 602 – 6 = ____ 205 – 8 = ____

395 + 6 = ____ 394 + 9 = ____ 904 – 7 = ____ 703 – 5 = ____

198 + 5 = ____ 499 + 7 = ____ 402 – 3 = ____ 305 – 9 = ____

3 Markiere: Was verändert sich von Aufgabe zu Aufgabe? Rechne.

495 + 5 = ____ 398 + 2 = ____ 899 + 1 = ____ 797 + 3 = ____

495 + 25 = ____ 398 + 42 = ____ 899 + 31 = ____ 797 + 53 = ____

804 – 4 = ____ 706 – 6 = ____ 502 – 2 = ____ 607 – 7 = ____

804 – 34 = ____ 706 – 16 = ____ 502 – 62 = ____ 607 – 27 = ____

4 Rechne immer zuerst zum Nachbarhunderter.

570 + ____ = 650 150 + ____ = 214 735 + ____ = 900

230 + ____ = 310 370 + ____ = 433 455 + ____ = 800

520 + = 610 680 + ____ = 735 365 + ____ = 700

460 + ____ = 530 680 + ____ = 762 625 + ____ = 900

730 – ____ = 670 920 – ____ = 885 325 – ____ = 200

420 – ____ = 350 570 – ____ = 485 715 – ____ = 400

840 – ____ = 770 620 – ____ = 595 435 – ____ = 100

510 – ____ = 430 630 – ____ = 575 845 – ____ = 600

5 Welche Ziffern fehlen? Es gibt mehrere Lösungen.

6		7	+	2		=	7		0
6		7	+	2		=	7		0
6		7	+	2		=	7		0

8		4	–			=	8	5	8
8		4	–			=	8	5	8
8		4	–			=	8	5	8

SB S. 62

1 Rechne und notiere am Rechenstrich.

546 + 423 = ____

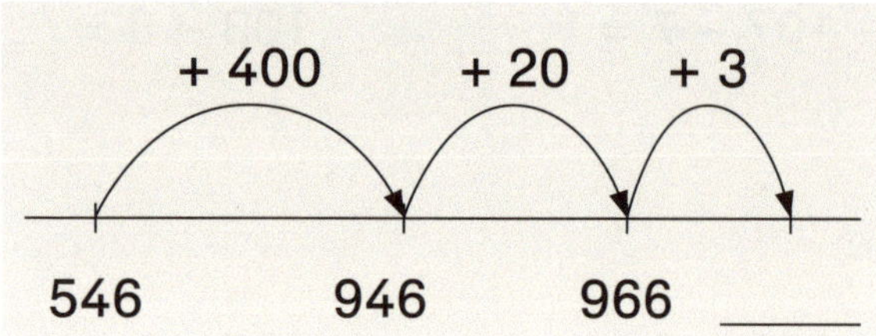

364 + 525 = ____

246 + 428 = ____

265 + 427 = ____

2 Welchen Rechenweg wählst du?
Notiere am Rechenstrich oder als Gleichung.

373 + 217 = ____

563 + 326 = ____

563 + 317 = ____

247 + 637 = ____

349 + 427 = ____

448 + 128 = ____

1 Rechne.

365 + 399 = ______

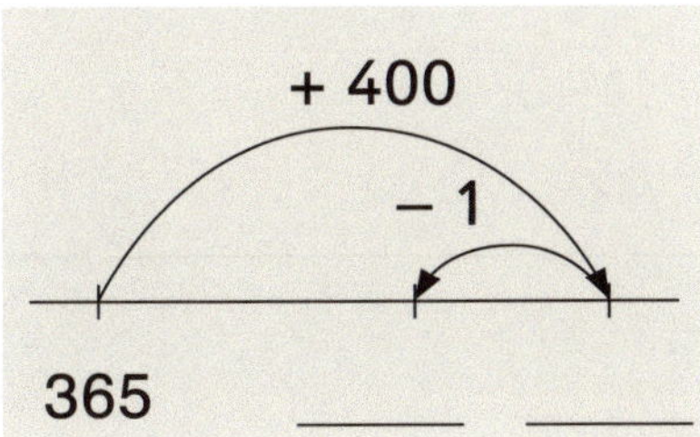

545 + 298 = ______

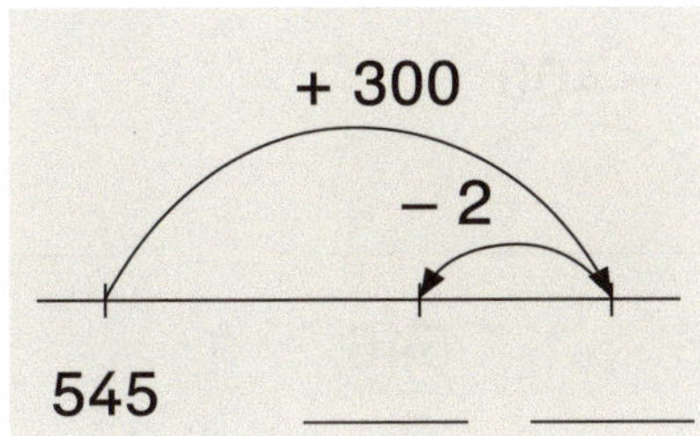

234 + 499 = ______

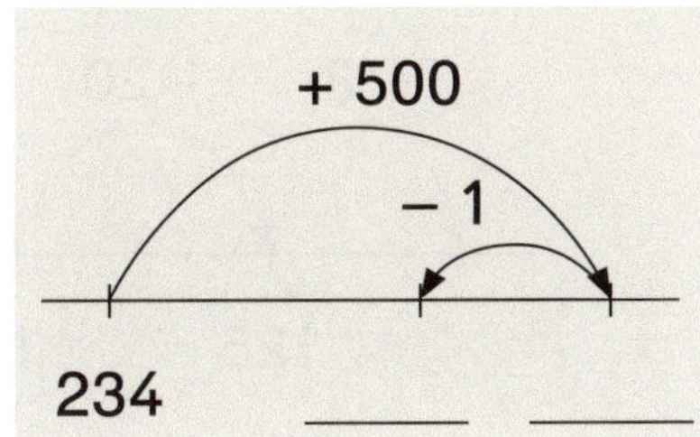

2 Rechne.

563 + 298 = ______

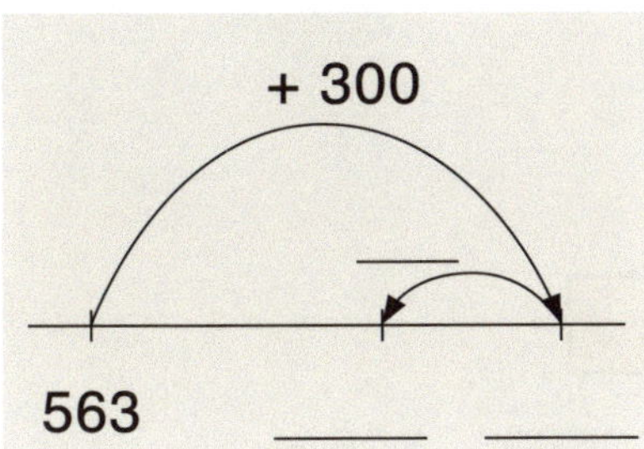

463 + 299 = ______

364 + 498 = ______

246 + 697 = ______

346 + 198 = ______

434 + 299 = ______

3 Rechne 198 + 751 auf zweierlei Weise.
Notiere beide Rechenwege.

Rechenwege bei der Subtraktion

SB S. 66

1 Rechne und notiere am Rechenstrich.

546 – 423 = ____

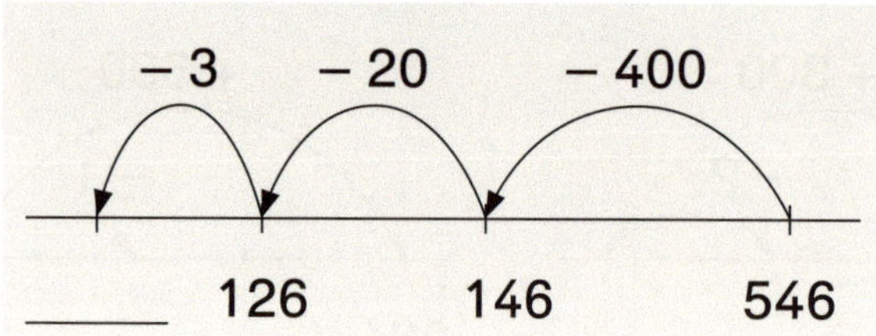

745 – 523 = ____

659 – 428 = ____

578 – 327 = ____

2 Notiere am Rechenstrich oder als Gleichung.

373 – 217 = ____

563 – 326 = ____

554 – 236 = ____

645 – 533 = ____

742 – 427 = ____

747 – 422 = ____

1 Rechne.

645 – 199 = ______ 743 – 398 = ______ 865 – 499 = ______

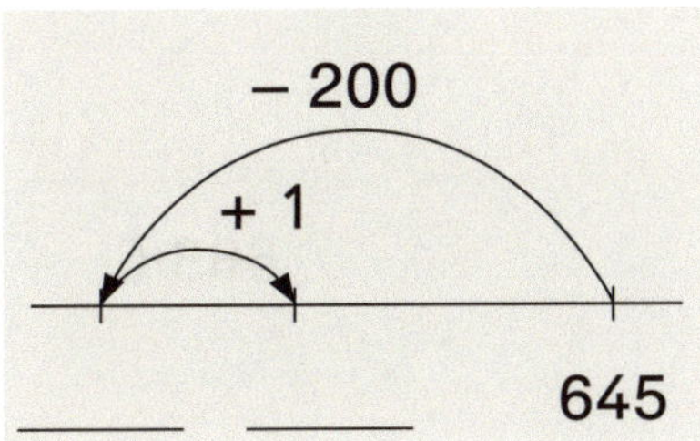

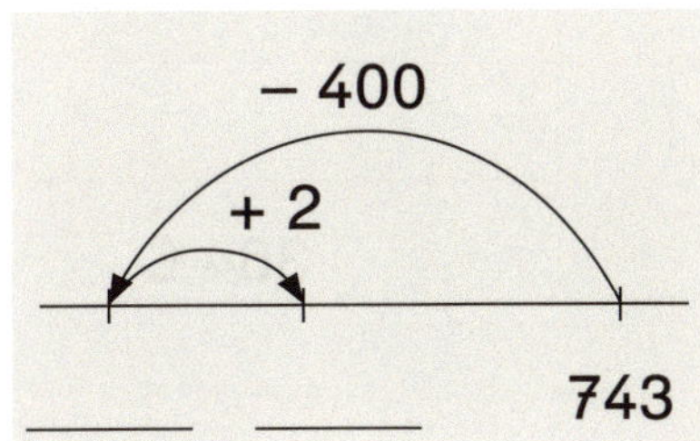

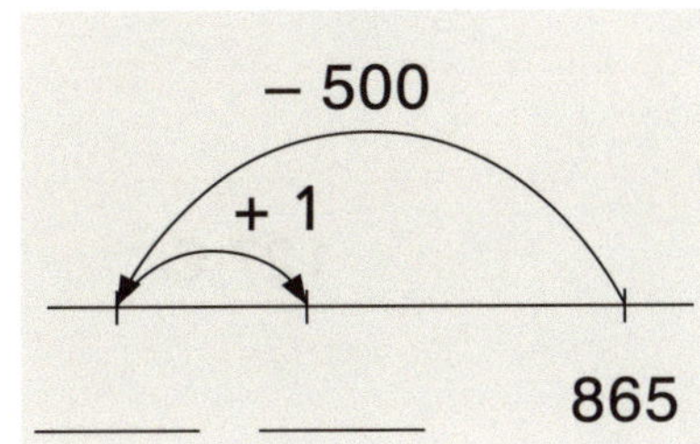

2 Rechne.

563 – 498 = ______ 463 – 299 = ______ 646 – 397 = ______

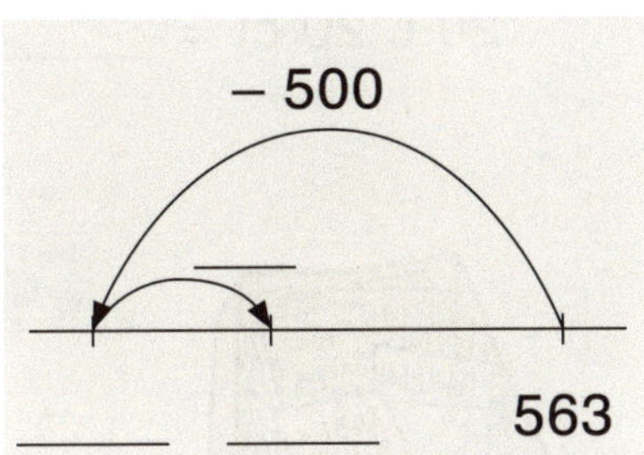

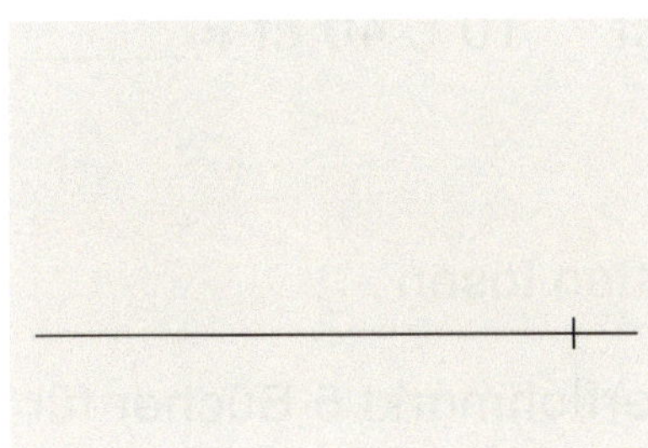

3 Rechne.

603 – 582

5	8	2	+			=	6	0	3					
5	8	2	+			+		=						

715 – 694

822 – 778

304 – 267

4 Schau genau und fülle die Lücken.

702 – 685 = 712 – ______
925 – 887 = ______ – 885
813 – 798 = 803 – ______

537 – ______ = 547 – 498
______ – 376 = 412 – 379
676 – ______ = 672 – 595

Das kann ich jetzt! 3

1 Geldbeträge mit möglichst wenigen Scheinen und Münzen legen

127 €　　364 €　　685 €

2 Geldbeträge umwandeln und als Kommazahl schreiben

18,60 € = ____ € ____ ct	4 € 30 ct = ________	12 € 40 ct = ________
35,75 € = ____ € ____ ct	5 € 79 ct = ________	75 € 75 ct = ________
0,90 € = ____ € ____ ct	6 € 9 ct = ________	30 € 3 ct = ________
23,05 € = ____ € ____ ct	10 € 40 ct = ________	20 € 20 ct = ________

3 Sachaufgaben in Schritten lösen

Jette hat auf dem Kinderflohmarkt 5 Bücher für je 4 € und 4 CDs für je 3 € verkauft.
Wie viel Euro hat sie insgesamt eingenommen?

A: ____

4 Aufgaben in Tabellen lösen

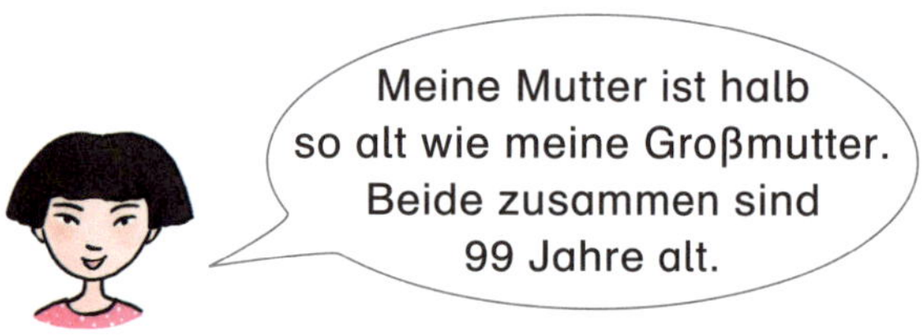

Mutter	Großmutter	beide zusammen

Kims Mutter ist ____ Jahre alt.

Kims Großmutter ist ____ Jahre alt.

5 Addieren

635 + 257 = ______

574 + 365 = ______

376 + 499 = ______

564 + 298 = ______

6 Subtrahieren

345 – 137 = ______

528 – 499 = ______

655 – 237= ______

564 – 298 = ______

1 Rechne.

a) 3 · 4 = ___
5 · 6 = ___
7 · 7 = ___
4 · 8 = ___
9 · 5 = ___

b) 8 · 3 = ___
2 · 7 = ___
3 · 6 = ___
6 · 4 = ___
7 · 3 = ___

c) 3 · ___ = 0
6 · ___ = 42
9 · ___ = 72
3 · ___ = 12
4 · ___ = 32

d) 3 · ___ = 21
8 · ___ = 64
4 · ___ = 28
5 · ___ = 35
7 · ___ = 63

e) 27 : 3 = ___
21 : 7 = ___
56 : 8 = ___
45 : 5 = ___
24 : 4 = ___

f) 18 : 3 = ___
60 : 10 = ___
36 : 6 = ___
42 : 7 = ___
81 : 9 = ___

g) 16 : ___ = 4
64 : ___ = 8
45 : ___ = 5
48 : ___ = 6
54 : ___ = 9

2 Finde verschiedene Geteiltaufgaben zur Ergebniszahl.

a) ___ : ___ = 5
___ : ___ = 5
___ : ___ = 5
___ : ___ = 5
___ : ___ = 5
___ : ___ = 5

b) ___ : ___ = 7
___ : ___ = 7
___ : ___ = 7
___ : ___ = 7
___ : ___ = 7
___ : ___ = 7

c) ___ : ___ = 4
___ : ___ = 4
___ : ___ = 4
___ : ___ = 4
___ : ___ = 4
___ : ___ = 4

3 Jana bekommt jede Woche 4 € Taschengeld.
Sie hat davon 6 Wochen lang jeweils 3 € gespart.
Wie viel € hat Jana gespart?

A: ______________________________

4 Vater kauft für sich und seine 3 Kinder jeweils 3 Kugeln Eis.
Wie viele Kugeln Eis hat er insgesamt gekauft?

A: ______________________________

SB S. 70, 71

1 Aus wie vielen Einheitsquadraten (EQ) bestehen die Figuren?
Male die Figur mit der größten Fläche an.

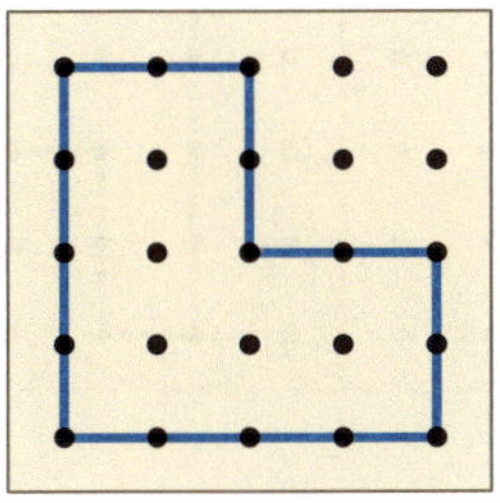

_____ EQ

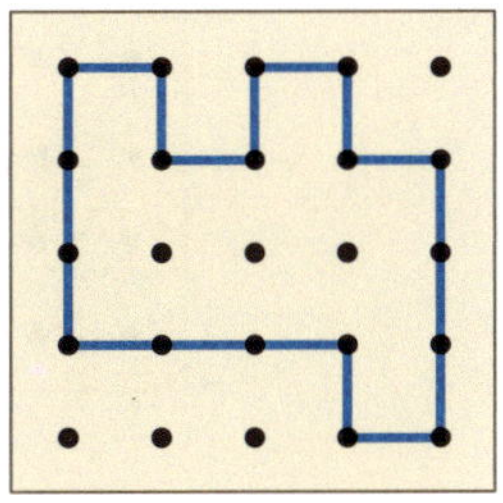

_____ EQ

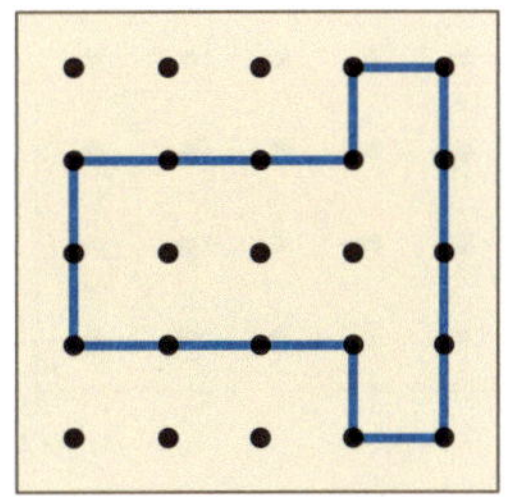

_____ EQ

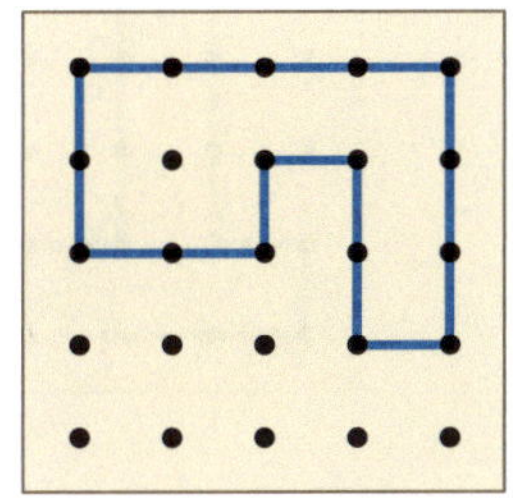

_____ EQ

2 Zeichne zu jeder Figur eine andere Figur, die eine gleich große Fläche hat.

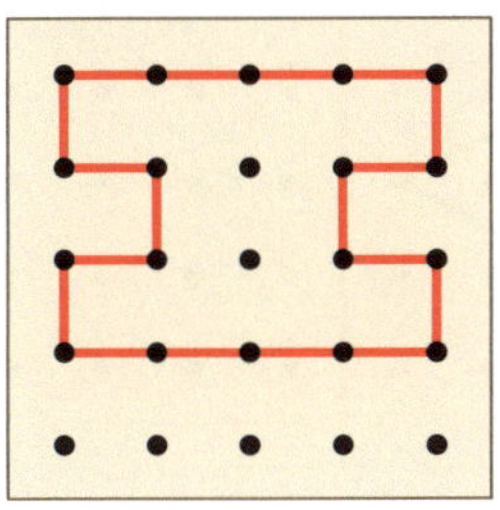
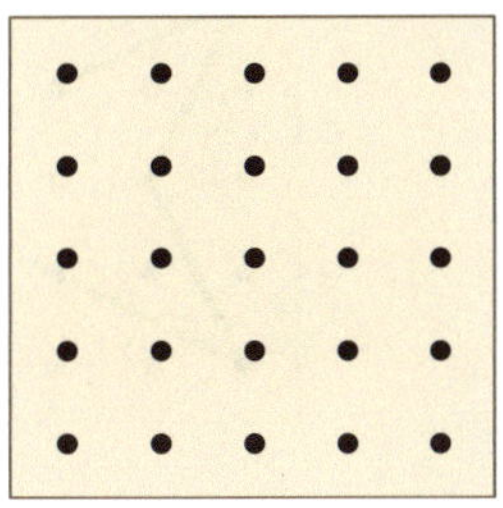
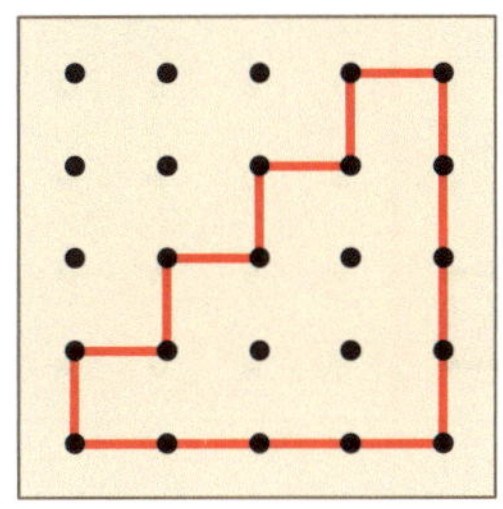
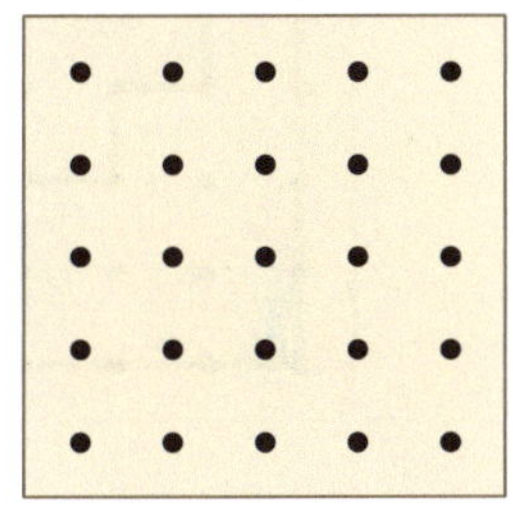
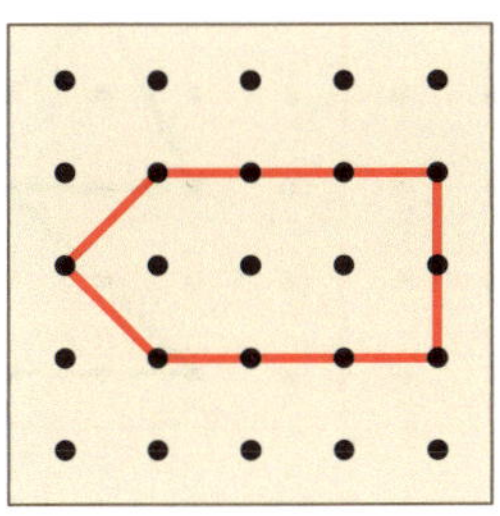
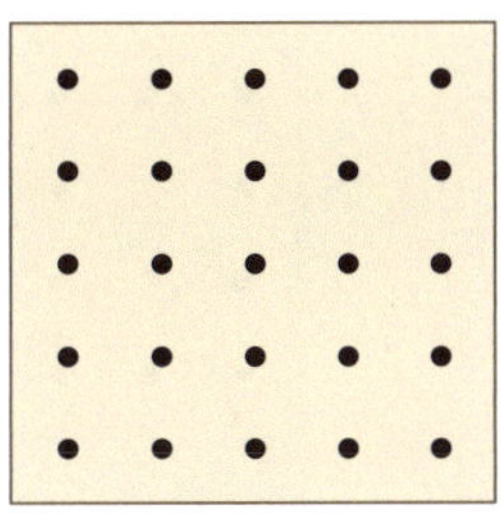
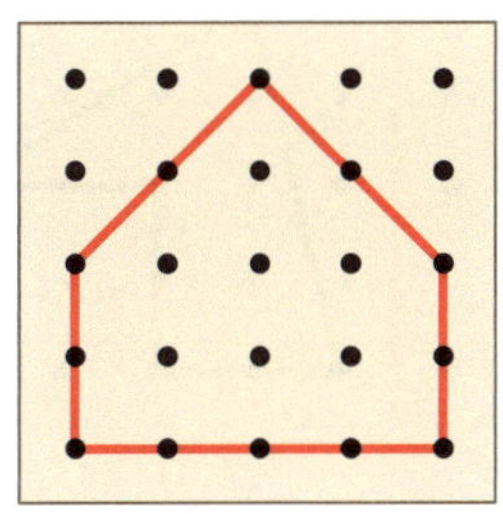
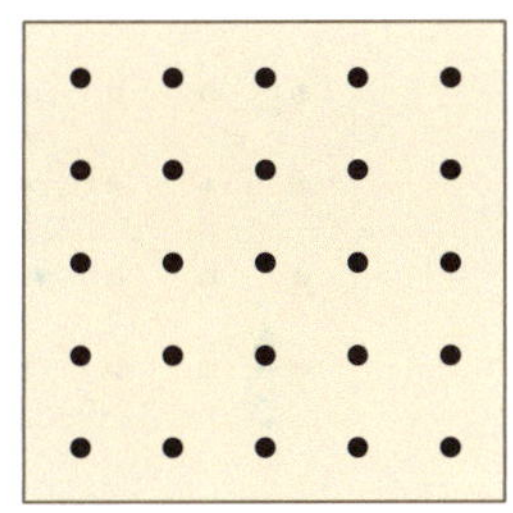
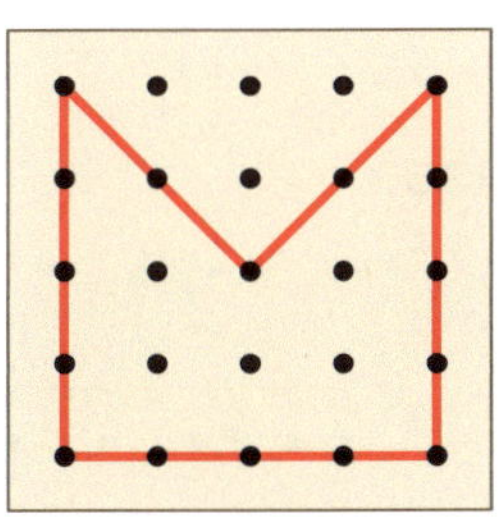
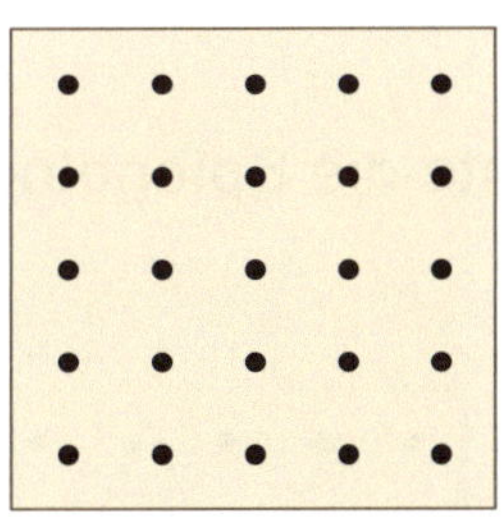
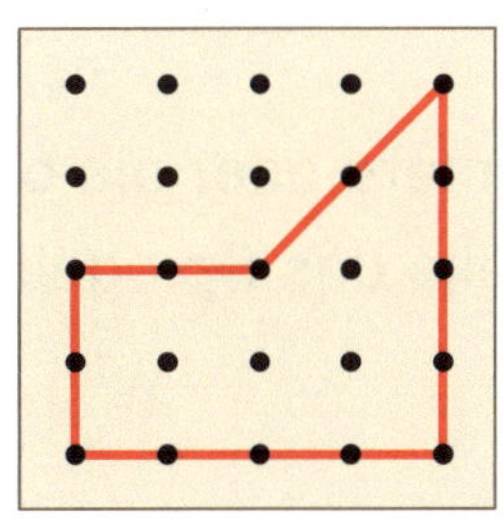
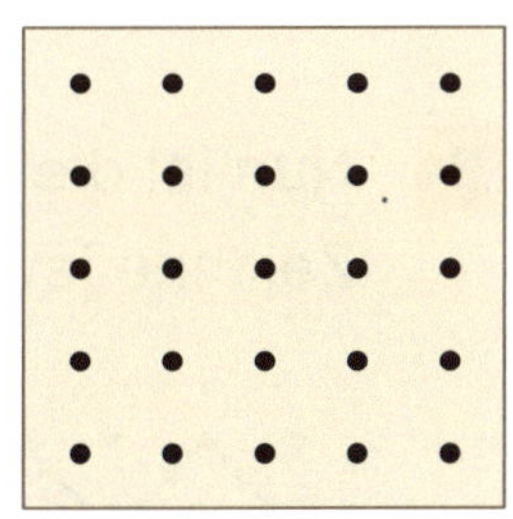

3 Je zwei Flächen sind gleich groß. Male sie in der gleichen Farbe an.

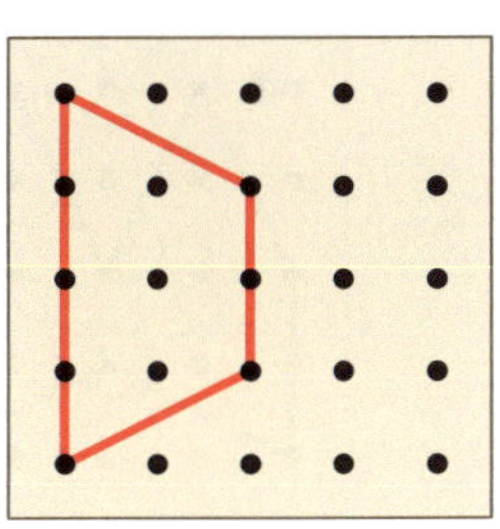
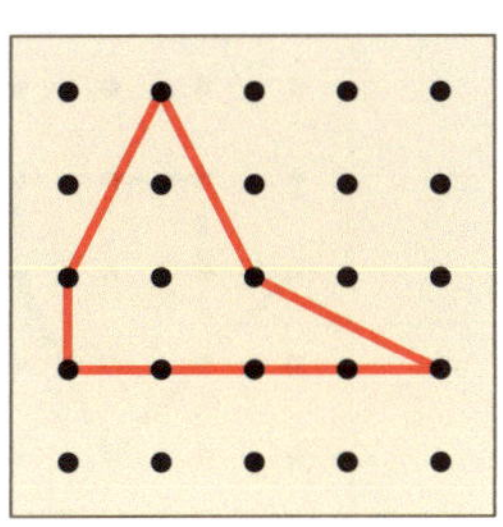
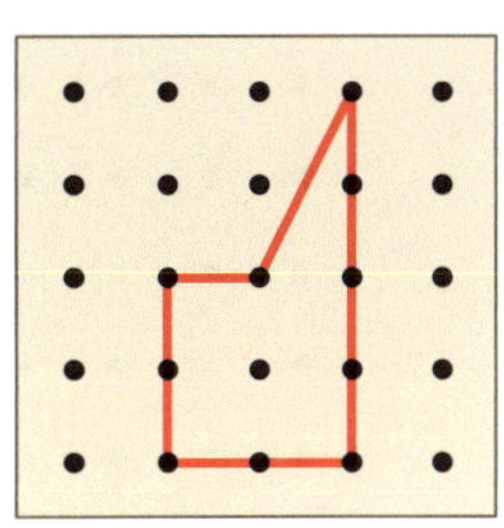
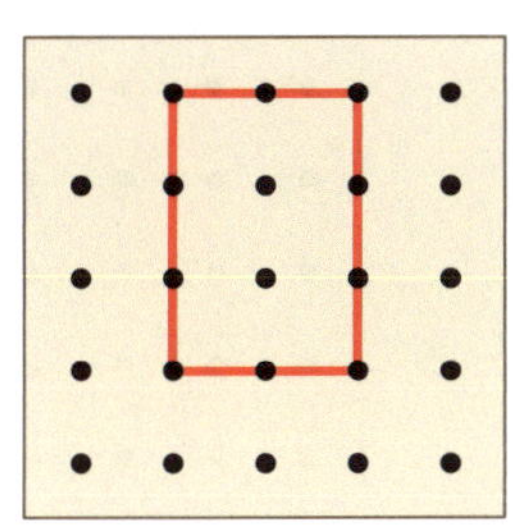

Spiegelbilder am Geobrett

SB S. 73

1 Zeichne das passende Spiegelbild.

2 Zeichne das passende Spiegelbild.

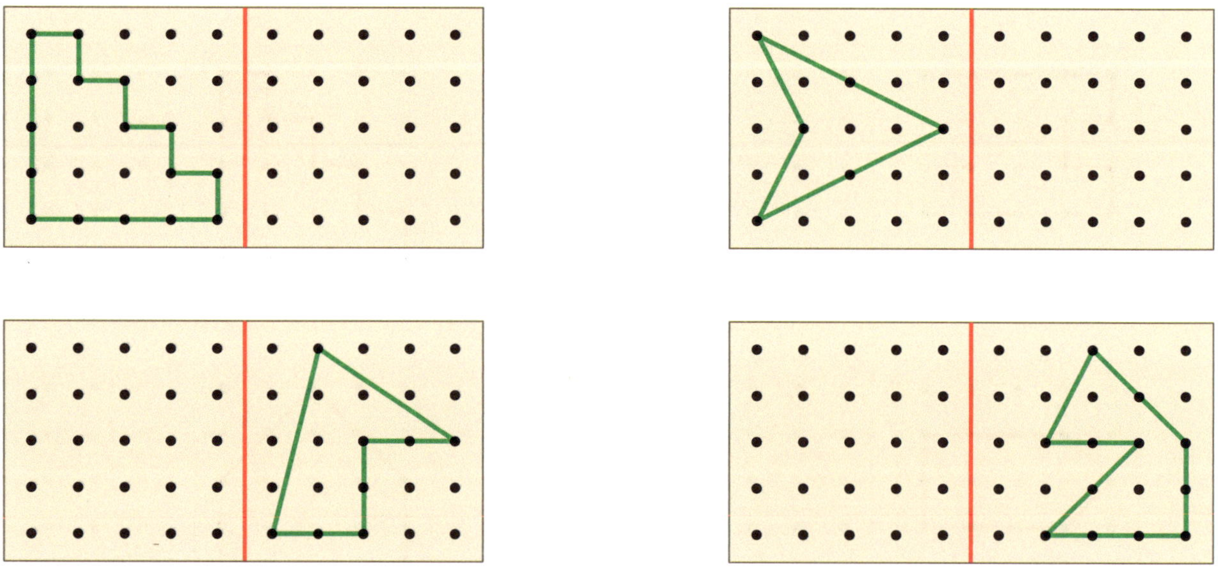

3 Nun ist die untere oder die obere Brettkante die Spiegelachse.
Zeichne jeweils das Spiegelbild.

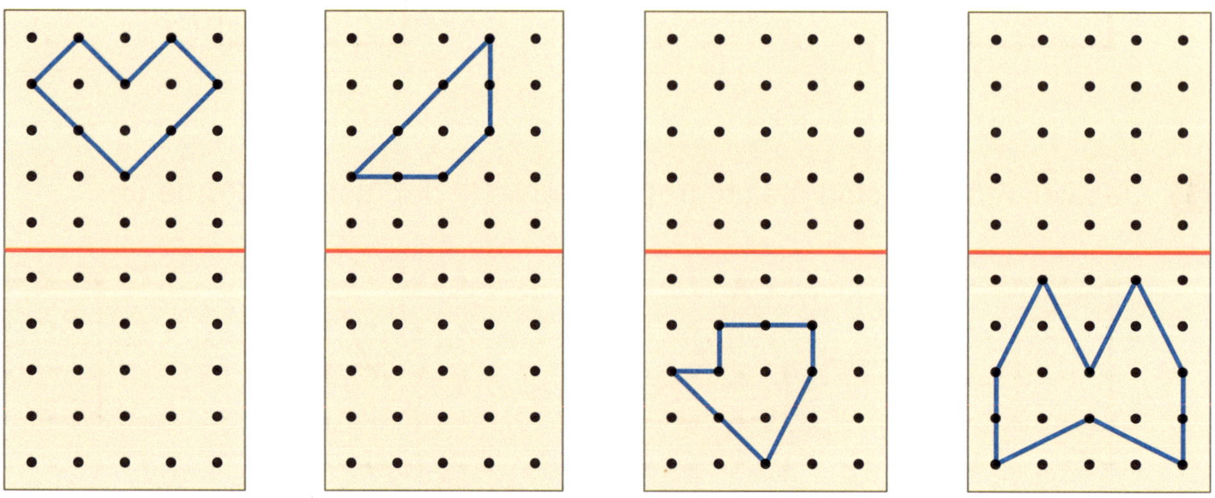

1 Zeichne alle Symmetrieachsen ein.

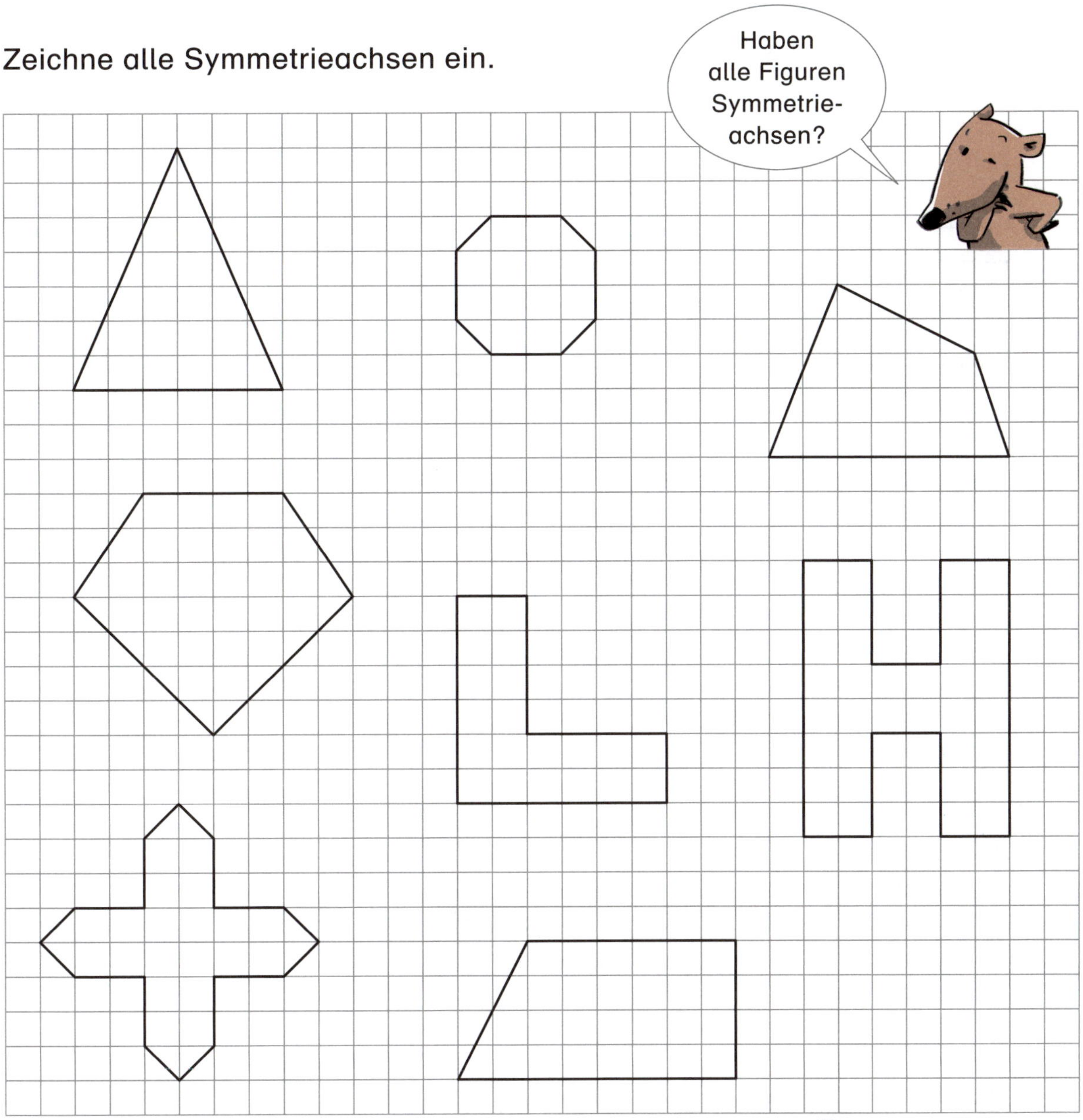

2 a) Das Dreieck  bei Aufgabe 1 ist achsensymmetrisch. Begründe.

____

____

b) Das Trapez 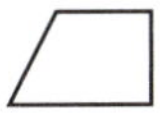 bei Aufgabe 1 ist nicht achsensymmetrisch. Begründe.

____

____

Achsensymmetrische Figuren

SB S. 75

1 Ergänze die Figuren achsensymmetrisch.

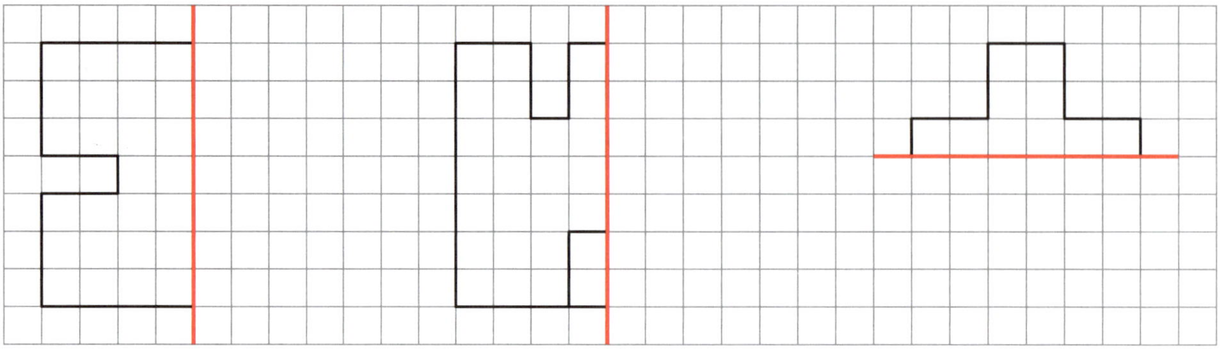

2 Ergänze die Figuren achsensymmetrisch.

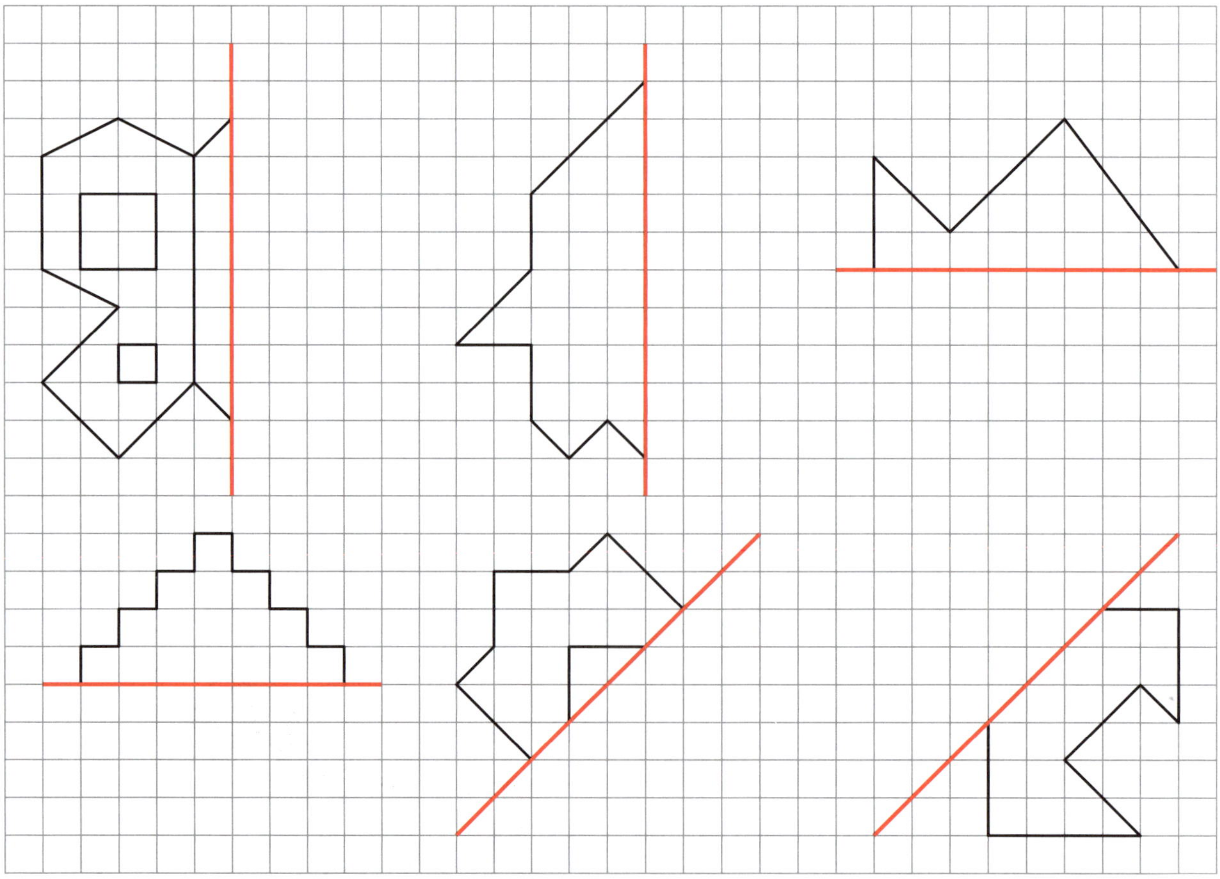

3 Ergänze alle Linien und Punkte achsensymmetrisch.

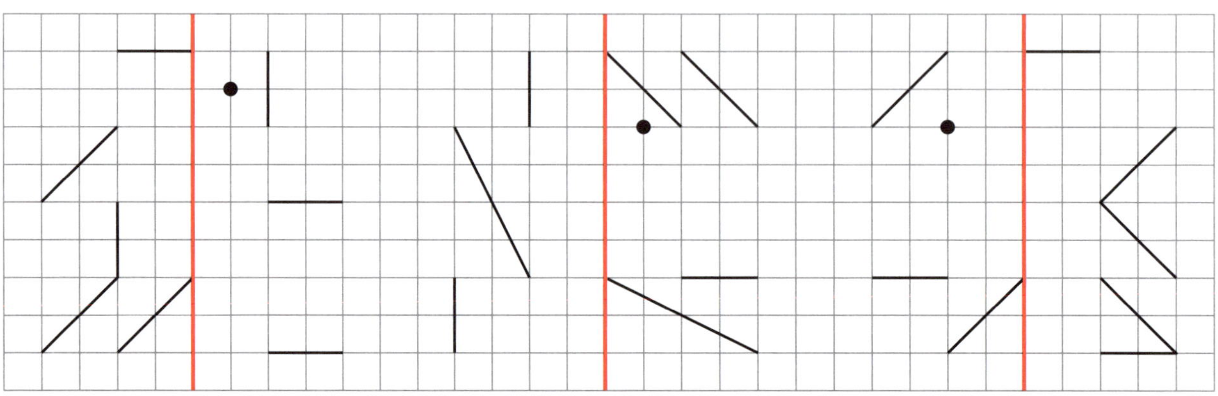

Schriftliches Addieren üben

SB S. 78

1 Bei vier Aufgaben musst du wechseln. Denke an den Übertrag.

	H	Z	E
	2	3	5
+	4	6	4
	6	9	9

	H	Z	E
	4	3	1
+	2	7	6

	H	Z	E
	3	2	4
+	5	7	2

	H	Z	E
	5	0	4
+		7	6

	H	Z	E
		8	7
+	6	5	0

	H	Z	E
	7	6	3
+	1	2	8

580, ~~699~~, 707, 737, 883, 891, 896

2 An welcher Stelle muss du wechseln? Kreise ein, bevor du rechnest.

	3	4	5
+	1	8	2

	6	3	4
+	2	7	6

	4	1	3
+	5	7	2

	7	2	4
+		8	6

	1	6	7
+	6	5	0

	2	6	3
+	1	8	9

436, 452, 527, 810, 817, 910, 985

3 Addiere drei Zahlen. Nutze beim Addieren die Partnerzahlen.

	2	1	2
	1	5	4
+	3	0	8

	3	1	9
		5	7
+	4	2	1

	3	6	4
	4	8	2
+	1	4	3

		7	2
	2	4	6
+	6	3	1

	3	2	9
	4	5	7
+	1	1	3

	5	6	7
		9	8
+	2	0	2

674, 797, 849, 867, 899, 949, 989

4 Finde die Fehler. Verbinde. Rechne richtig.

	4	7	1
+	3	9	5
	1		
	8	5	6

	5	0	8
+	2	6	4
	7	6	2

	1	2	6
+	4	9	
	1		
	6	1	6

Übertrag vergessen

falsch untereinandergeschrieben

Rechenfehler

5 Wähle immer zwei Zahlen und addiere sie. Es sollen zwei Überträge entstehen.

125

476

323

518

287

SB S. 80, 81

1 Im Kopf oder schriftlich? Ordne zu und rechne.

a) 360 + 200 b) 137 + 284 c) 420 + 70 d) 541 + 329

im Kopf:

a) 360 + 200 =

schriftlich:

b)	1	3	7
+	2	8	4

2 Löse nur die Aufgaben, die du im Kopf rechnen kannst. Wie viele schaffst du?

a) 57 + 43 = ____ b) 763 + 137 = ____ c) 299 + 198 = ____
d) 340 + 520 = ____ e) 584 + 209 = ____ f) 470 + 380 = ____
g) 123 + 49 = ____ h) 625 + 180 = ____ i) 210 + 756 = ____

3 Wie geht es weiter? Ergänze die Aufgaben und rechne.

370	375	380			
+ 630	+	+	+	+	+
					975

---

4 Überschlage die Preise und ordne den passenden Überschlag zu.

a) 12,65 € 3,28 € 2,57 €

b) 5,90 € 13,00 € 20,87 €

c) 1,53 € 0,99 € 6,35 €

d) 13,69 € 10,88 € 4,75 €

Ü: 10 € Ü: 20 € Ü: 30 € Ü: 40 €

Rechne genau.

a) 12,65 €
€
+ €
€

b)

c)

d)

Meter und Zentimeter

SB S. 82, 83

1 Verschiedene Schreibweisen: Notiere.

m und cm	4 m 23 cm	1 m 98 cm	5 m 50 cm			
cm	423 cm			568 cm	727 cm	
m	4,23 m					6,70 m

2 Ordne die Längenangaben. Beginne mit der kleinsten Länge.

3 m 70 cm | 307 cm | 3,77 m | 3 m 17 cm | 3,87 m | 37 m

_______ < _______ < _______ < _______ < _______ < _______

3 Ordne die Längenangaben. Beginne mit der größten Länge.

5 m 130 cm | 6,33 m | 603 cm | 6 m 207 cm | 5 m 222 cm | 7,72 m

_______ > _______ > _______ > _______ > _______ > _______

---

4 Setze richtig ein: (>), (<), (=)

2,70 m ◯ 27 cm | 580 cm ◯ 5,80 m | 40 cm ◯ 0,04 m

15 cm ◯ 0,15 m | 73 m ◯ 730 cm | 81 cm ◯ 8,10 m

5 Beim Weitsprung schafft Ali 2,85 m. Jana springt 3,13 m.
Wie viele Zentimeter springt Jana weiter als Ali?

A: _______________________________

6 Ergänze auf 3 Meter.

0,54 m + _______ = 3 m
1,09 m + _______ = 3 m
0,01 m + _______ = 3 m

2,87 m + _______ = 3 m
1,95 m + _______ = 3 m
2,08 m + _______ = 3 m

SB S. 84

1 Verbinde.

1 cm 3 mm | 6 cm 3 mm | 10 cm 5 mm | 14 cm 6 mm

7 mm | 55 mm | 92 mm | 135 mm

2 Schreibe in cm und mm.

57 mm = ____________

29 mm = ____________

7,3 cm = ____________

11,9 cm = ____________

3 Schreibe in mm.

4 cm 6 mm = ________

3 cm 1 mm = ________

6,2 cm = ________

75 cm = ________

4 So lang können die Tiere werden. Zeichne die Längen auf.

a) Mondfliege: 14 mm

b) Weinbergschnecke: 6 cm 8 mm

c) Feldgrille: 2 cm 5 mm

d) Grünes Heupferd: 40 mm

5 Tobi möchte für Mama ein Nagelbild mit einer Vase und einer Blume basteln.

a) Wie viele cm und mm Faden braucht er für die Vase, wie viele cm und mm für die Blume?

b) Reichen ihm 40 cm Faden, wenn er für die Knoten zusätzlich 13 cm benötigt?

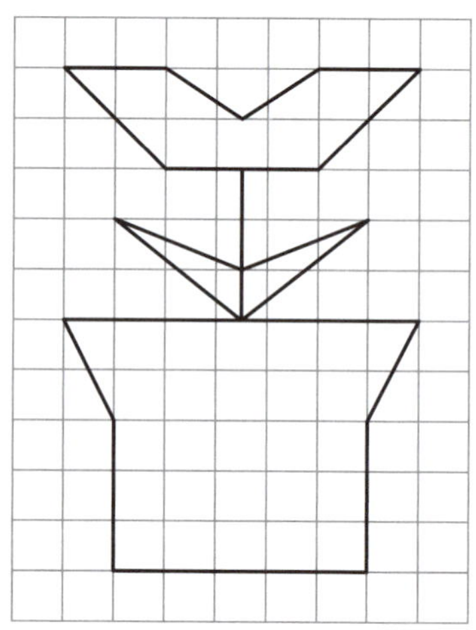

A: ____

____

1 Ordne richtig zu.

Höhe eines Zimmers	1 m
Länge des Tafellineals	1 mm
Dicke eines Stecknadelkopfs	2,40 m
Fingerbreite	70 cm
Höhe eines Tisches	1 cm

2 Richtig oder falsch? Kreuze an.

	richtig	falsch
a) Eine Maus ist ungefähr 50 cm groß.	☐	☐
b) Eine Tür ist ungefähr 2 m hoch.	☐	☐
c) Ein Bett ist ungefähr 200 cm lang.	☐	☐
d) Eine Ameise ist ungefähr 8 dm lang.	☐	☐
e) Ein neuer Bleistift ist ungefähr 150 mm lang.	☐	☐
f) Eine Tür ist ungefähr 1 000 mm breit.	☐	☐

3 Setze richtig ein: (>), (<), (=)

8,4 cm ○ 84 mm

45 cm ○ 0,45 m

2,70 m ○ 27 cm

9 cm 9 mm ○ 90 mm

100 mm ○ 11 cm

500 cm ○ 5 dm

4 Setze richtig ein: (>), (<), (=)

2,17 m ○ 2 dm 1 cm 7 mm

0,85 m ○ 8 dm 50 mm

3 cm 13 mm ○ 3,3 cm

3 dm 64 mm ○ 67 cm

5 Kann das stimmen? Begründe.

Wenn du 15 Filzstifte aneinanderlegst,
dann ist die Reihe mehr als 3 Meter lang.

1 Ergänze auf 1 Kilometer.

1 km	200 m	250 m	600 m	670 m	400 m	380 m	580 m

2 Ergänze auf 1 Kilometer.

1 km	777 m	364 m	458 m	99 m	981 m	868 m	111 m

3 Wie viele Kilometer wurden zurückgelegt?

Zeit	Strecke
1 h	
30 min	
15 min	
2 h 45 min	

Zeit	Strecke
1 h	
30 min	
1 h 30 min	
5 h	

4 Tim geht von zu Hause 550 m zur Schule.
Mittags geht er 400 m zu seiner Oma zum Essen.
Nach den Hausaufgaben läuft er 250 m nach Hause.
Wie viele km und m sind das am Tag,
in der Woche, im Monat, im Schuljahr?

A: ____

____

Entfernungen berechnen

SB S. 88

1 Familie Müller macht in den Ferien eine Radtour. Am ersten Tag radelt sie 27 km, am zweiten Tag 32 km und am dritten Tag 23 km.
Wie weit ist Familie Müller insgesamt geradelt?

A: Familie Müller ist ______________________ geradelt.

2 Tim und seine Familie wollen in den Ferien am Main radeln. Die geplante Tour ist 113 km lang. Am ersten Tag fahren sie 28 km, am zweiten 34 km und am dritten 27 km.
Wie viele Kilometer müssen sie am vierten Tag noch zurücklegen?

A: ____

3 Noemis Familie plant für die Sommerferien eine Radtour rund um den Bodensee. Die Gesamtlänge beträgt 273 km.

a) Wie viele Tage brauchen sie mindestens, wenn sie an einem Tag nicht mehr als 35 km fahren?

A: ____

b) Wie viele Kilometer müssten sie ungefähr an einem Tag fahren, wenn sie die Tour in 6 Tagen schaffen wollen?

A: ____

Das kann ich jetzt! 4

1 Die Größen von Figuren bestimmen

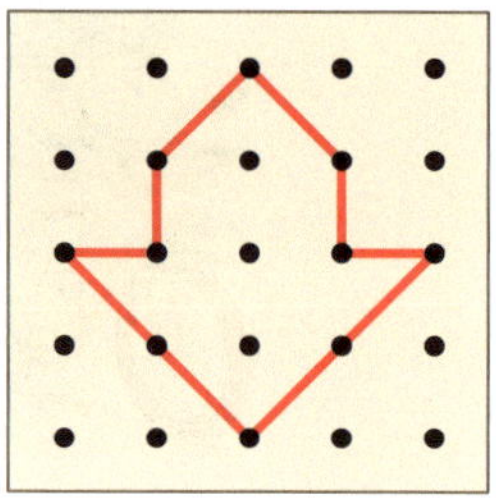

_____ EQ

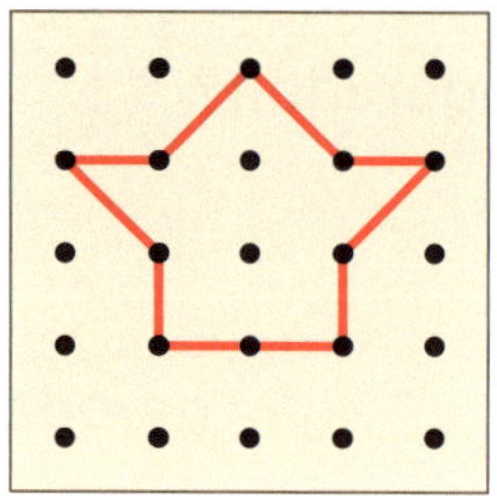

_____ EQ

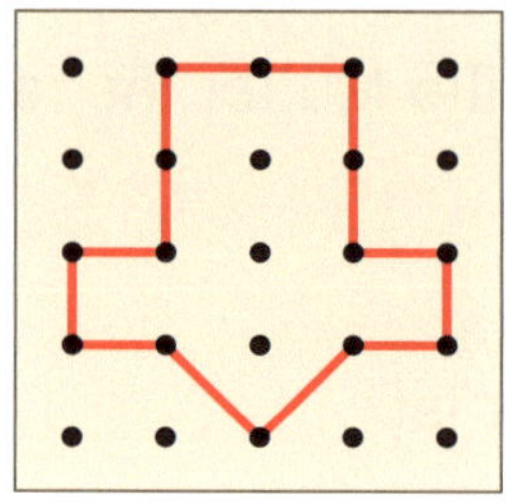

_____ EQ

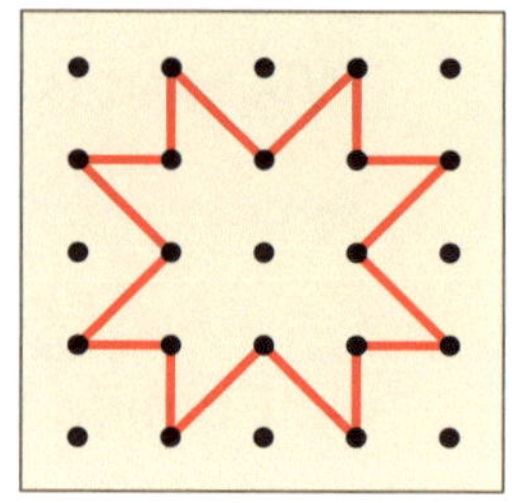

_____ EQ

2 Spiegelbilder zeichnen

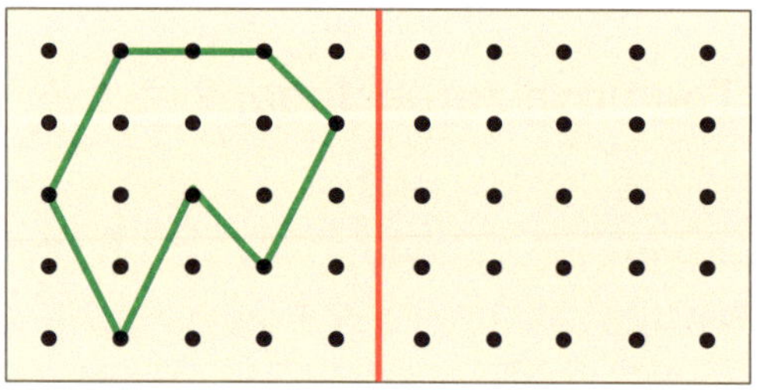

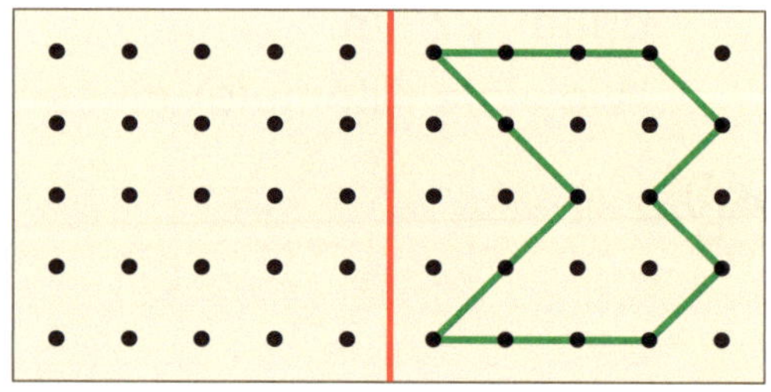

3 Symmetrieachsen einzeichnen

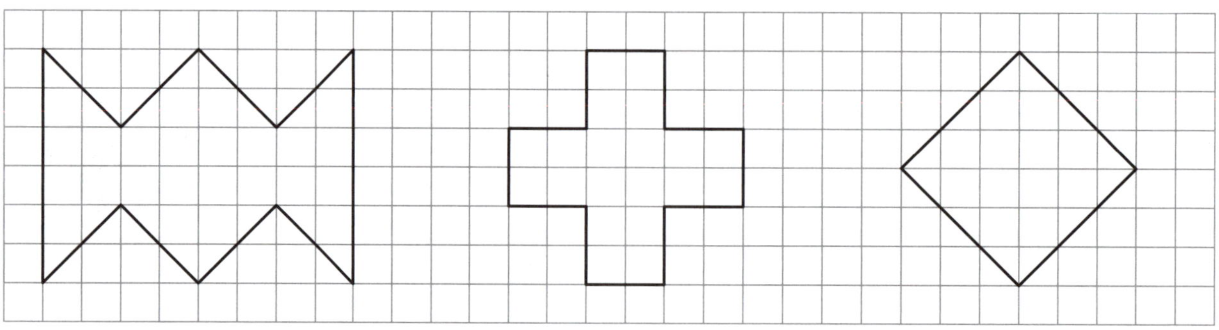

4 Figuren achsensymmetrisch ergänzen

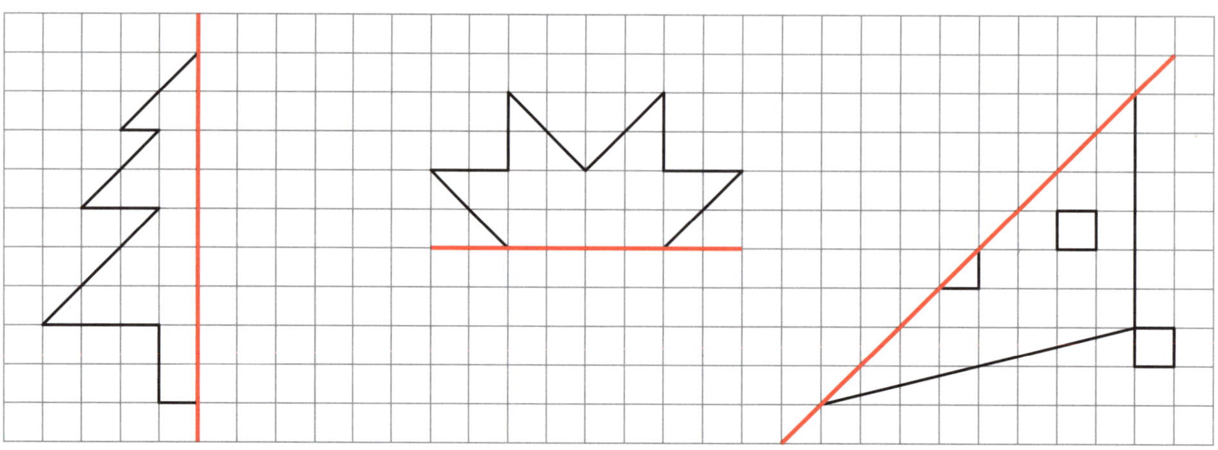

5 Schriftlich addieren

a) 374 + 454 b) 86 + 773 c) 648 + 55 d) 128 + 34 + 522

6 Längen auf unterschiedliche Weise notieren

a) in m und cm

4,91 m = ______
6,05 m = ______
0,80 m = ______

b) in mm

4,8 cm = ______
6 cm 7 mm = ______
16 cm = ______

c) als Kommazahl

218 cm = ______
50 cm = ______
3 m 6 cm = ______

7 Strecken genau messen

a) ___ cm ___ mm

b) ___ cm ___ mm

8 Auf 1 Kilometer ergänzen

465 m + ______ = 1 km
112 m + ______ = 1 km
76 m + ______ = 1 km
538 m + ______ = 1 km
45 m + ______ = 1 km

9 Strecken berechnen

Zeit	Strecke
30 min	
1 h	6 km
1 h 30 min	
3 h	

10 Sachaufgaben lösen

Lea und ihre Familie radeln in den Ferien. Am ersten Tag fahren sie 35 km, am zweiten 26 km und am dritten Tag 29 km. Wie viele Kilometer fahren sie am vierten Tag, wenn die Gesamtstrecke 122 km lang ist?

A: ______

Das Einmaleins üben 4

1 Rechne.

a)	b)	c)
8 · 4 = ___	4 · ___ = 32	___ : 5 = 5
7 · 3 = ___	42 : ___ = 6	___ · 6 = 36
56 : 7 = ___	81 : ___ = 9	___ · 7 = 49
6 · 8 = ___	9 · ___ = 72	___ : 4 = 6
28 : 7 = ___	5 · ___ = 30	___ : 8 = 5
72 : 8 = ___	36 : ___ = 9	___ · 3 = 27

2 Finde die passende Zahl. Bilde 4 Aufgaben.

a) 7 | 6 | ___

7 · 6 = 42
6 · 7 = 42
42 : 6 =
42 : 7 =

b) 24 | ___ | 4

c) 3 | 21 | ___

d) 10 | 6 | ___

3 Welche Ergebniszahlen passen nicht dazu? Streiche durch.

Einmaleins mit 3

15	30	27
~~11~~	18	10
12	9	32
21	24	13

Einmaleins mit 6

18	6	1
30	32	36
24	48	27
45	42	54

Einmaleins mit 4

24	36	27
20	30	40
12	26	32
28	16	35

Einmaleins mit 7

21	28	7
10	14	70
63	54	46
42	27	35

4 a) Auf der Wiese der Hundepension sind viele Hunde. Zusammen haben sie 36 Beine. Wie viele Hunde sind es?

A: ___

b) Die Besitzer der Hunde kommen, um die Hunde abzuholen. Jeder hat einen Hund. Wie viele Beine sind auf der Wiese, wenn alle gleichzeitig kommen?

A: ___

1 Ordne den passenden Namen zu und verbinde.

unregelmäßiges Viereck | Parallelogramm | Raute | Drachen | Rechteck | Quadrat | symmetrisches Trapez

2 Von jedem Viereck ist schon eine Seite gezeichnet. Vervollständige.

Quadrat | Rechteck | symmetrisches Trapez | Parallelogramm

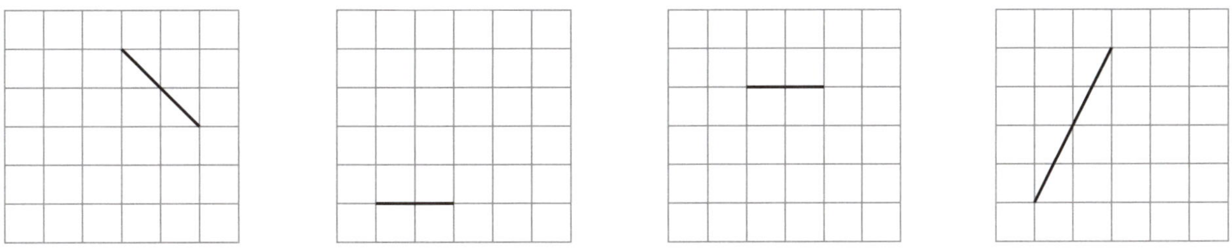

3 a) Zeichne alle rechten Winkel ein.
b) Ziehe parallele Seiten jeweils mit derselben Farbe nach.

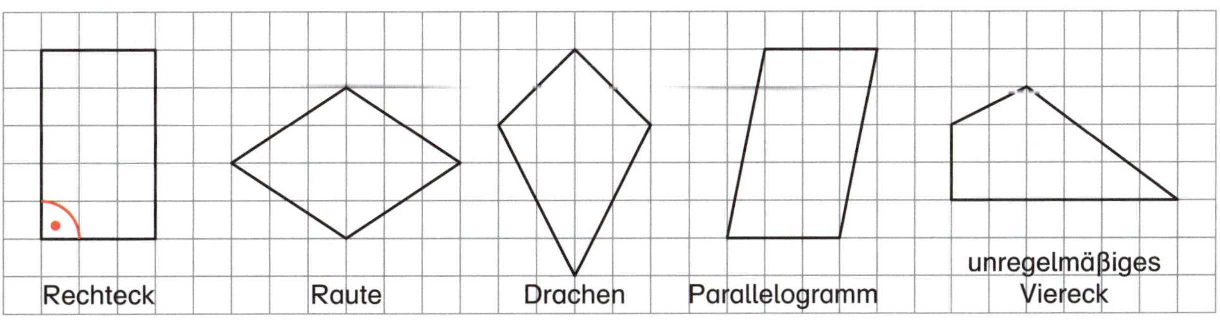

4 Welche Aussage stimmt und welche nicht? Kreuze an.

	richtig	falsch
Alle Vierecke mit vier gleich langen Seiten haben rechte Winkel.	☐	☐
Es gibt Trapeze mit drei gleich langen Seiten.	☐	☐
Unregelmäßige Vierecke haben keine rechten Winkel.	☐	☐
Bei allen Trapezen sind die gegenüberliegenden Seiten gleich lang.	☐	☐
Es gibt Drachen, die keinen rechten Winkel haben.	☐	☐
Es gibt Drachen, die einen rechten Winkel haben.	☐	☐

1 Umrande die Grundfigur. Zeichne die begonnene Parkettierung in alle Richtungen weiter.

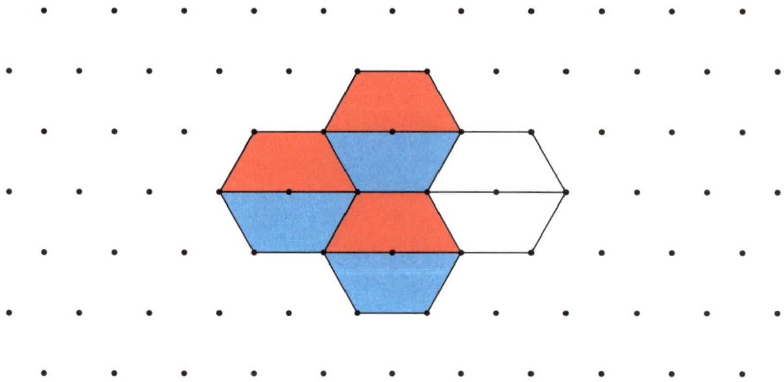

2 Umrande die Grundfigur. Zeichne die begonnene Parkettierung in alle Richtungen weiter.

a)

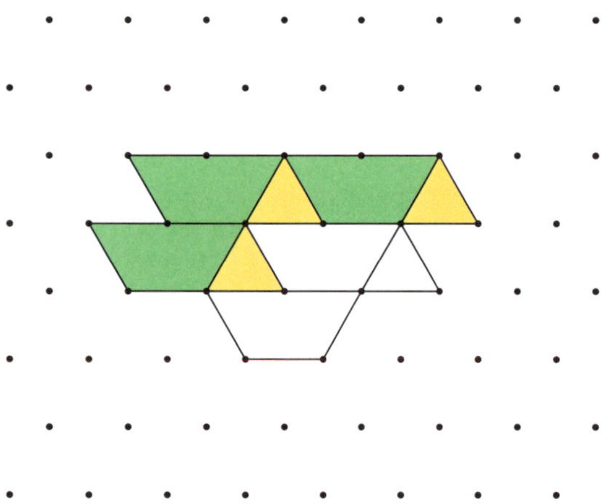

b)

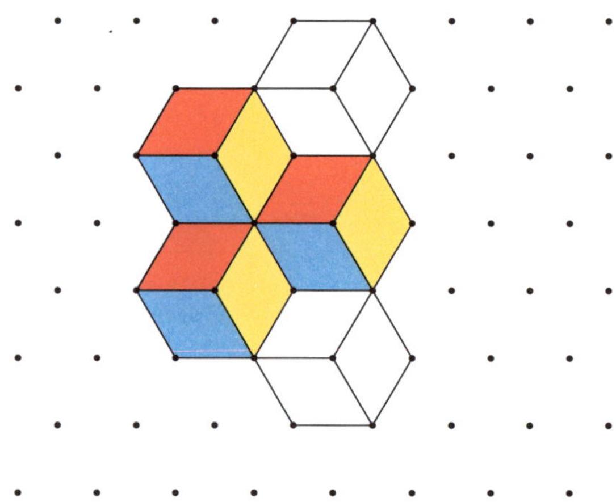

3 Umrande die Grundfigur. Zeichne die begonnene Parkettierung in alle Richtungen weiter.

1 Wie spät ist es? Verbinde.

20 min

35 min

50 min

3.35 Uhr | 4.20 Uhr | 2.50 Uhr | 10.50 Uhr | 9.35 Uhr

  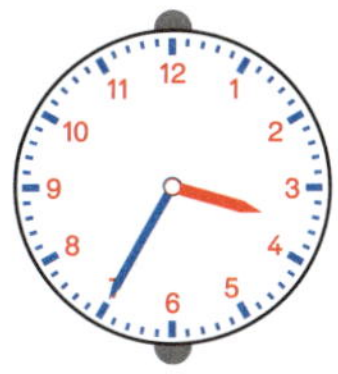  

22.50 Uhr | 15.35 Uhr | 16.20 Uhr | 14.50 Uhr | 21.35 Uhr

2 Wie spät ist es? Notiere beide Uhrzeiten.

______ Uhr ______ Uhr ______ Uhr ______ Uhr ______ Uhr
______ Uhr ______ Uhr ______ Uhr ______ Uhr ______ Uhr

______ Uhr ______ Uhr ______ Uhr ______ Uhr ______ Uhr
______ Uhr ______ Uhr ______ Uhr ______ Uhr ______ Uhr

3 Wie viele Minuten sind vergangen?

    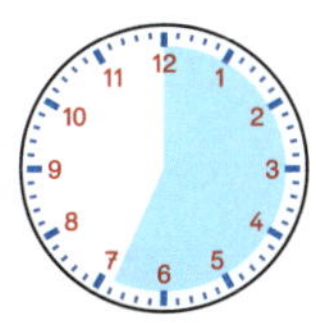

______ ______ ______ ______ ______

4 Notiere beide Uhrzeiten.

fünf vor halb sechs	drei nach fünf	zwanzig vor neun	zehn nach eins
______ Uhr	______ Uhr	______ Uhr	______ Uhr
______ Uhr	______ Uhr	______ Uhr	______ Uhr

1 Ergänze auf 1 Stunde.

a) 30 min + ___ min = 1 h
20 min + ___ min = 1 h
10 min + ___ min = 1 h
5 min + ___ min = 1 h

b) 14 min + ______ = 1 h
42 min + ______ = 1 h
27 min + ______ = 1 h
33 min + ______ = 1 h

2 Wie viel Zeit ist vergangen?

18 min ____ min
15.42 Uhr 16.00 Uhr 16.15 Uhr

18 min + ______ = ______

______ ______
10.26 Uhr 11.14 Uhr

______ + ______ = ______

2.37 Uhr 3.31 Uhr

______ + ______ = ______

18.48 Uhr 19.23 Uhr

______ + ______ = ______

21.04 Uhr 22.03 Uhr

______ + ______ = ______

17.46 Uhr 18.35 Uhr

______ + ______ = ______

3 Um wie viel Uhr kommt der Zug?

a)

Der Zug kommt um ______ Uhr.

b)

Der Zug kommt um ______ Uhr.

SB S. 106, 107

1 Herr Müller und Herr Demir fahren mit der Bahn von Frankfurt nach Dresden. Wie viel Euro müssen sie bezahlen?

A: Sie müssen ________ bezahlen.

Fahrpreise (einfache Fahrt)

Frankfurt – Kiel	129 Euro
Frankfurt – Hamburg	120 Euro
Frankfurt – Dresden	114 Euro

Kinder bis zu 14 Jahren fahren in Begleitung kostenlos mit!

2 Der 9-jährige Karim fährt mit seinen Großeltern und seinem kleinen Bruder von Frankfurt nach Kiel.

a) Wie viel Euro müssen sie für die Fahrt bezahlen?

A: Sie müssen ________ bezahlen.

b) Wie viel Euro müssen sie für Hin- und Rückfahrt bezahlen?

A: Sie müssen ________ bezahlen.

3 Herr und Frau Krämer fahren mit ihren zwei Kindern (9 und 16 Jahre) von Frankfurt nach Hamburg und wieder zurück. Wie viel Euro kostet die Fahrt?

A: ____

4 Jette überlegt:
Wie viel Euro müssen wir bei dem Angebot mindestens bezahlen, wenn wir (Mama, Papa, meine Brüder: 7, 12 und 15 Jahre und ich) nach München fahren?

Sparangebot der Bahn

- Reisen zu zweit durch ganz Deutschland (einfache Fahrt) ab 49 €
- Jede weitere Person ab 20 €
- Kinder bis zu 14 Jahren fahren in Begleitung kostenlos mit!

A: ____

 SB S. 108, 109

1 Bei vier Aufgaben musst du wechseln. Kreise ein, bevor du rechnest.

	H	Z	E
	2	10	
	~~3~~	2	5
−	1	9	3

	H	Z	E
	5	1	9
−	3	4	8

	H	Z	E
	4	5	7
−	2	3	1

	H	Z	E
	6	3	8
−	2	8	3

	H	Z	E
	8	4	3
−	4	9	2

	H	Z	E
	7	6	9
−	2	5	0

126, 132, 171, 226, 351, 355, 519

2 An welcher Stelle wird gewechselt? Kreise ein, bevor du rechnest.

	9	2	7
−	2	4	5

	4	8	6
−	1	3	7

	8	5	0
−	4	0	9

	5	1	9
−	3	6	5

	7	3	8
−	2	7	1

	3	9	4
−		8	6

154, 302, 308, 349, 441, 467, 682

3 Subtrahiere.

	6	7	8
−	2	3	9

	5	2	6
−	1	8	0

	4	3	0
−	3	1	5

	8	1	6
−	5	7	3

	7	5	3
−	4	2	1

	3	6	8
−	2	7	4

94, 116, 243, 253, 332, 346, 439

4 Finde die Fehler. Verbinde. Rechne richtig.

	7	10	
	~~8~~	4	9
−	6	8	
	1	6	0

	4	10	
	~~5~~	3	7
−	1	6	4
	3	8	3

			10
	7	6	2
−	2	4	9
	5	2	3

falsch untereinandergeschrieben

Rechenfehler

Fehler beim Wechseln

5 Wähle immer zwei Zahlen und subtrahiere sie.
Es soll einmal gewechselt werden.

426

354

173

785

Wie viele Aufgaben findest du?

Schriftliches Subtrahieren vertiefen

1 Subtrahiere. Du musst zweimal wechseln.

	H	Z	E
	3	16	10
	~~4~~	~~7~~	3
−	1	9	6

	H	Z	E
	~~3~~	~~2~~	6
−	1	4	9

	H	Z	E
	5	7	1
−	2	8	7

	H	Z	E
	6	2	5
−	3	4	9

	H	Z	E
	7	3	6
−	4	9	8

	H	Z	E
	8	4	1
−	2	5	2

177, 228, 238, 276, 277, 284, 589

2 Subtrahiere. Kontrolliere mit der Umkehraufgabe.

	5	3	4
−	2	7	6
	2	5	8

↓

	2	5	8
+	2	7	6
	1	1	
	5	3	4

	4	2	0
−	1	5	8
+			

	8	6	1
−	3	7	4
+			

	6	4	3
−	4	8	7
+			

	9	1	5
−	5	3	9
+			

	7	5	2
−	6	7	3
+			

3 Wie oft musst du wechseln? Kreise ein, bevor du rechnest.

	5	(4)	(3)
−	3	(6)	(7)

	4	1	5
−	1	4	2

	9	7	3
−	6	0	2

	8	6	0
−	4	1	7

	6	7	5
−	2	8	6

	7	2	6
−	5	9	8

128, 148, 176, 273, 371, 389, 443

4 Schreibe stellengerecht untereinander und subtrahiere.

325 – 128
760 – 94
574 – 380
712 – 623

5 Wähle immer zwei Zahlen und subtrahiere sie.
Es soll zweimal gewechselt werden.

297
385
409
712

Wie viele Aufgaben findest du?

 SB S. 111

1

	H	Z	E
		9	
	3	~~10~~	10
	~~4~~	0	6
−	1	5	8

H Z E	H Z E	H Z E	H Z E	H Z E	H Z E
406	301	502	604	700	805
− 158	− 176	− 243	− 225	− 369	− 437

125, 248, 258, 259, 331, 368, 379

2

408	302	705	503	604	806
− 249	− 135	− 487	− 94	− 306	− 598
900	203	401	907	709	600
− 653	− 89	− 172	− 261	− 359	− 419

114, 159, 167, 171, 181, 208, 218, 229, 247, 298, 350, 409, 646

3 Stimmen die Ergebnisse?
Kontrolliere mit der Umkehraufgabe.
Rechne die Aufgaben mit falschem Ergebnis schriftlich.

340 − 135 = 215
638 − 359 = 279
905 − 687 = 318
801 − 698 = 103

4 Bilde Subtraktionsaufgaben. Das Ergebnis soll immer 279 sein.

403	503				
− 124	−	−	−	−	−
279	279	279	279	279	279

5 Aufgabenfolgen: Wie geht es weiter? Was fällt dir auf?

401	501	601			
− 104	− 105	−	−	−	−

1 Rechne.

	7	6	4
−	2	5	1

	8	7	5
−	5	5	2

	6	8	7
−	1	5	3

	9	6	9
−	3	2	8

	5	7	6
−	2	4	2

2 Welche Ziffern fehlen?

	8	3	2
−	6		0
		2	

	6	6	9
−		5	
	2		3

	7		5
−	2	6	
		2	4

	9	4	
−			2
	4	4	4

		5	
−	1		3
	6	3	4

3 Welche Ziffern fehlen?

	8		4
−		3	2
	5	3	2

	7		
−	4	1	8
	3	5	0

	5	5	5
−	2	1	
	3	3	7

	4	4	7
−		6	3
	2	8	4

	7	5	
−	2	6	5
	4	8	8

	6	4	5
−	2	9	
	3	4	7

	8	2	5
−	5		
	2	5	8

	6	4	4
−	2	1	
	4	2	5

	8	2	9
−		7	5
	3	5	4

	9	4	7
−	3		
	5	8	6

	9	8	
−	6		4
	2	8	6

		0	1
−	4		5
	1	7	6

	7	7	7
−			9
	4	5	8

4 Bilde mit den Ziffernkarten dreistellige Zahlen und schreibe Minusaufgaben. Das Ergebnis soll kleiner als 400 sein. Finde verschiedene Möglichkeiten.

0 1 2 3 4 5 6 7 8 9

1 Wie schwer sind die Früchte?

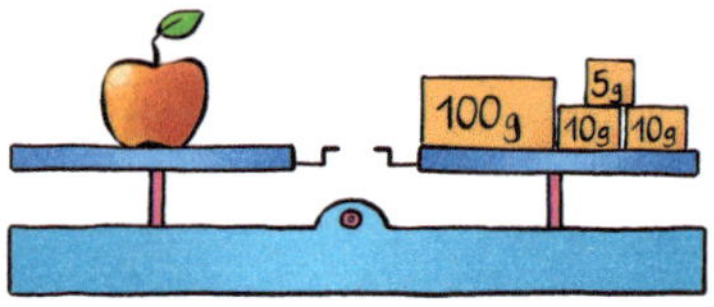

1 Apfel: ___________

1 Melone: ___________

1 Mango: ___________

4 Kirschen: ___________

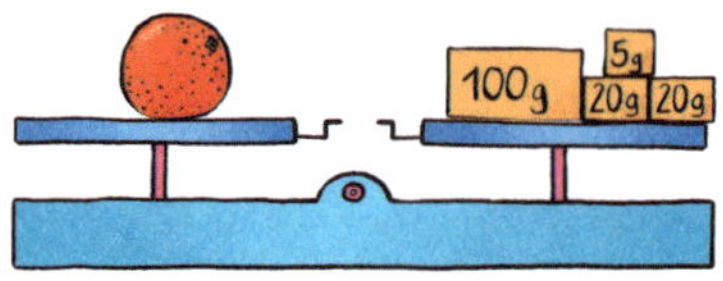

1 Orange: ___________

2 Pflaumen: ___________

2 Du hast diese 12 Gewichtssteine:

Wiege folgende Gewichte mit möglichst wenigen Gewichtssteinen.

400 g: ______________________________

800 g: ______________________________

275 g: ______________________________

167 g: ______________________________

524 g: ______________________________

77 g: ______________________________

3 Ergänze auf 1 Kilogramm.

700 g + ______ = 1 kg	330 g + ______ = 1 kg	429 g + ______ = 1 kg
850 g + ______ = 1 kg	680 g + ______ = 1 kg	901 g + ______ = 1 kg
450 g + ______ = 1 kg	160 g + ______ = 1 kg	99 g + ______ = 1 kg

4 Im Gleichgewicht: Wie schwer ist die große Kugel?

A: ____.

 SB S. 116

1 Ordne die Gewichtsangaben. Beginne mit dem kleinsten Gewicht.

5 kg | 500 g | 50 g | 50 kg | 5 g | 500 kg | 550 g

____

2 kg oder g? Trage richtig ein.

Justus sagt: „Ich wiege 28 ____. Meine Schultasche wiegt heute 2,9 ____. Mein roter Farbstift wiegt 12 ____. Meine Katze wiegt 8 ____. Der Hund der Nachbarn wiegt 15 ____ 800 ____. Mein Fahrrad wiegt ungefähr 16 ____."

3 Kilogramm und Gramm: Schreibe mit Komma.

	kg		g			
5 kg 200 g		5	2	0	0	5,2 kg
13 kg 40 g						______
0 kg 250 g						______
4 kg 9 g						______

4 Wie schwer sind die einzelnen Körbe mit Inhalt? Der leere Korb wiegt 680 g.

5 Kann das stimmen? Erkläre.

Emilio behauptet: „Alle Kinder meiner Klasse wiegen zusammen 1 000 kg. Wir sind insgesamt 20 Kinder."

____

____

Das kann ich jetzt! 5

1 Vierecke erkennen und benennen

a) Das Viereck hat vier rechte Winkel.
Die gegenüberliegenden Seiten sind jeweils gleich lang.

Das Viereck heißt ______________________.

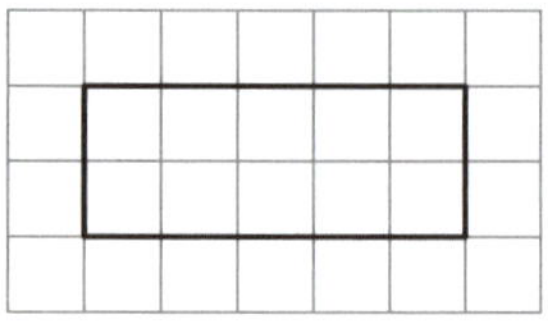

b) Dieses Viereck heißt ______________.
Ziehe Seiten, die parallel zueinander sind,
mit derselben Farbe nach.

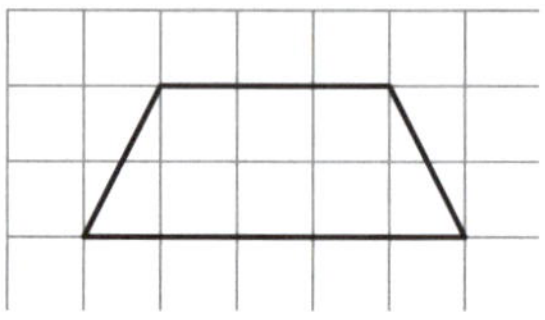

2 Parkettierung in alle Richtungen fortsetzen

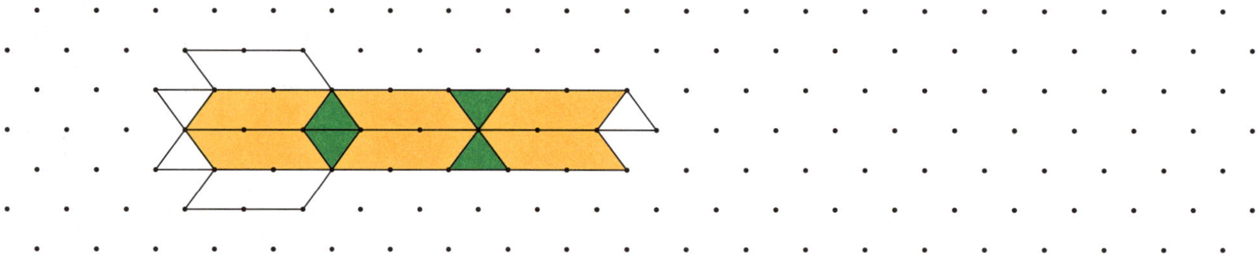

3 Uhrzeiten ablesen

_______ Uhr _______ Uhr _______ Uhr _______ Uhr _______ Uhr

_______ Uhr _______ Uhr _______ Uhr _______ Uhr _______ Uhr

4 Zeitspannen berechnen

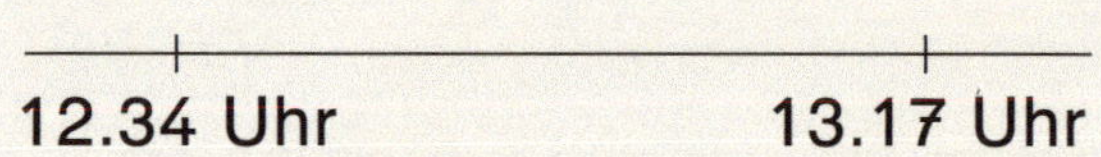

_______ + _______ = _______

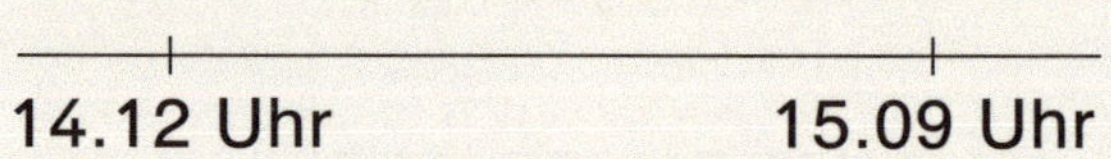

_______ + _______ = _______

5 Schriftlich subtrahieren

a) 755 – 324　　b) 516 – 275　　c) 645 – 66　　d) 965 – 787

e) 506 – 237　　f) 852 – 474　　g) 724 – 308　　h) 605 – 387

6 Gewichte mit Gewichtssteinen angeben

Du hast diese 12 Gewichtssteine:

Notiere folgende Gewichte mit möglichst wenigen Gewichtssteinen.

a) 900 g: ____________________
310 g: ____________________
257 g: ____________________

b) 224 g: ____________________
615 g: ____________________
92 g: ____________________

7 Gewichte zuordnen

1 200 kg　　2 kg　　1 g　　290 kg　　30 kg

Das Einmaleins üben 5

1 Rechne.

·	3	5	8
7			
5			
4			

·			
2	12		
8		32	
6			54

·	5	7	4
			36
		21	
	40		

:	3	4	6
24			
12			

:		10	
20	4		
40			10

:	4	6	9
36			

:	2		8
16		4	

2 Hier bleibt ein Rest. Rechne.

a) 25 : 6 = 4 R 1
37 : 7 = ______
23 : 4 = ______
47 : 9 = ______
62 : 7 = ______

b) 22 : 5 = ______
74 : 8 = ______
46 : 6 = ______
55 : 6 = ______
80 : 9 = ______

c) 50 : 7 = ______
70 : 9 = ______
56 : 6 = ______
49 : 8 = ______
64 : 7 = ______

3 Einmaleins-Zahlenrätsel

a) Meine Zahl ist in der 3er-, 6er- und 8er-Reihe. Es ist die ____.

b) Meine Zahl ist in der 2er-, 3er-, 4er- und 6er-Reihe. Es ist die ____.

c) Meine Zahl kann man ohne Rest durch 7 und durch 8 teilen. Es ist die ____.

4 Für eine Feier sollen 40 Blumen auf 8 Vasen verteilt werden. Wie viele Blumen sind es pro Vase, wenn in jeder Vase gleich viele sein sollen?

A: ______________________________

Alles Zufall?

SB S. 120, 121

1 Welcher Kreisel ist gemeint?

a) Es ist sicher, dass der Kreisel auf eine blaue Seite fällt. ______

b) Es ist unmöglich, dass der Kreisel auf eine blaue Seite fällt. ______

c) Die Chance, dass der Kreisel auf eine rote Seite fällt, ist genauso groß wie die Chance, dass er auf eine blaue Seite fällt. ______

d) Die Chance ist groß, dass der Kreisel auf eine rote Seite fällt. ______

2 Färbe jeden Kreisel so ein, dass die Aussage stimmt.

a) 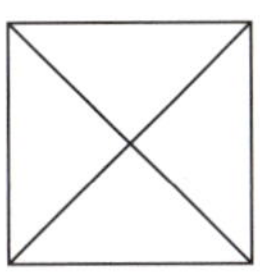 Es ist sicher, dass der Kreisel auf eine rote Seite fällt.

b) 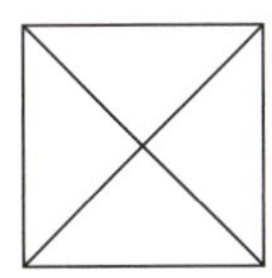 Es ist möglich, dass der Kreisel auf eine rote oder eine blaue Seite fällt.

c) 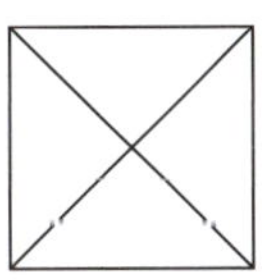 Es ist unmöglich, dass der Kreisel auf eine rote Seite fällt.

d) 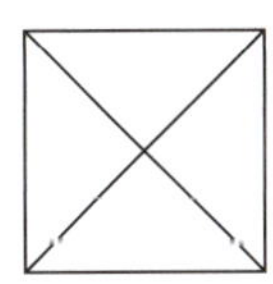 Die Chance ist groß, dass der Kreisel auf eine blaue Seite fällt.

3 Färbe das Glücksrad so ein, dass die folgenden Aussagen stimmen.

- Die Gewinnchance für Rot ist am größten.
- Die Gewinnchancen für Grün und Blau sind gleich groß.
- Gelb hat keine Chance zu gewinnen.
- Die Gewinnchance für Braun ist klein.

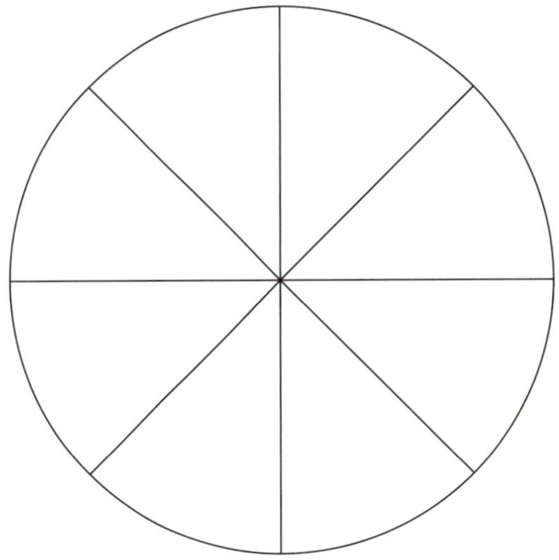

Fredos Outfit

1 Fredo zieht eine **H**ose, ein **T**-Shirt und eine **K**appe an. Finde alle Möglichkeiten. Vervollständige das Baumdiagramm.

2 Wie viele Möglickeiten gäbe es, wenn Fredo vier verschiedene Kappen hätte?

SB S. 124, 125

1

Dach	Stock links	Stock rechts	Erdgeschoss links	Erdgeschoss Mitte	Erdgeschoss rechts
42	30 ⊕	12	5 ⊙	6 ⊙	2
			2	8	5
			8	4	2
			8	5	2
			5	9	2

2

Dach	Stock links	Stock rechts	Erdgeschoss links	Erdgeschoss Mitte	Erdgeschoss rechts
		12	7	4	
		40	4	8	
30			6	3	
	36			6	3
40	24			4	

---

3 Rechne die Mal-Plus-Häuser aus. Was fällt dir auf?

Dach	Stock links	Stock rechts	Erdgeschoss links	Erdgeschoss Mitte	Erdgeschoss rechts
			2	2	3
			3	2	3
			4	2	3
			5	2	3
			6	2	3

Die linke Randzahl im Erdgeschoss wird immer ______________________.

Die linke Zahl im ersten Stock wird immer ______________________.

Die Dachzahl wird immer ______________________.

4 Notiere die fehlenden Zahlen.

Dach	Stock links	Stock rechts	Erdgeschoss links	Erdgeschoss Mitte	Erdgeschoss rechts
	60	36			
	36	40			
	20	15			
	14	21			

5 Notiere jeweils zwei verschiedene Möglichkeiten.

a)

Dach	Stock links	Stock rechts	Erdgeschoss links	Erdgeschoss Mitte	Erdgeschoss rechts
	24	48			
	24	48			

b)

Dach	Stock links	Stock rechts	Erdgeschoss links	Erdgeschoss Mitte	Erdgeschoss rechts
	36	18			
	36	18			

Mal-Plus-Häuser untersuchen

1

a)

	36	
3	6	

b)

	36	
5	4	

c)

	36	
2	9	

d)

	36	
4	3	

2 Erhöhe die Zahl im **rechten Randstein** immer **um 2**. Was fällt dir auf?

1	5	1

1	5	3

1	5	5

1	5	

1	5	

____

____

3 Rechne. Welches Häuserpaar passt zu der Beschreibung?

A

3	4	6

6	4	3

B

7	4	2

6	4	3

Häuserpaar ____

4 Begründe:
Warum kommt in diesen beiden Häusern dieselbe Dachzahl heraus?

7	4	2

6	4	3

____

____

Multiplizieren mit Zehnerzahlen

SB S. 128

1 Lege mit dem Material und rechne.

2 · 3 Z = ____	3 · 5 Z = ____	4 · 4 Z = ____	4 · 6 Z = ____
2 · 30 = ____	3 · 50 = ____	4 · 40 = ____	4 · 60 = ____

2 Rechne.

5 · 8 Z = ____	6 · 7 Z = ____	8 · 9 Z = ____	5 · 5 Z = ____
5 · 80 = ____	6 · 70 = ____	8 · 90 = ____	5 · 50 = ____

3 Rechne.

a)

·	3	30	6	60
7				
8				
9				

·	4	40	8	80
9				
3				
5				

b)

·	7	70	8	80
4				
		420		
				640

·				
2		100		
4	20		24	
6				360

4 Finde möglichst viele Malaufgaben.

Das Ergebnis soll größer als 100 und kleiner als 200 sein.

Das Ergebnis soll größer als 300 und kleiner als 400 sein.

Dividieren durch Zehnerzahlen

1 Lege mit Material und rechne.

42 Z : 6 Z = ___
420 : 60 = ___

28 Z : 4 Z = ___
280 : 40 = ___

25 Z : 5 Z = ___
250 : 50 = ___

32 Z : 8 Z = ___
320 : 80 = ___

2 Rechne. Kontrolliere mit der Umkehraufgabe.

160 : 20 = ___
___ · 20 = 160

350 : 50 = ___
___ · ___ = ___

720 : 90 = ___
___ · ___ = ___

3 Rechne.

:	30	60
120		
180		
240		

:	20	40
80		
120		
160		

:	40	80
160		
240		
320		

:	60	90
180		
360		
540		

4 Setze ein: (<), (>), (=)

240 : 30 ◯ 5
560 : 80 ◯ 9
360 : 60 ◯ 4

540 : 90 ◯ 5
720 : 80 ◯ 10
490 : 70 ◯ 7

120 : 10 ◯ 8
420 : 60 ◯ 7
500 : 50 ◯ 8

5 Zahlenrätsel

a) Multipliziere 50 mit 6 und dividiere dann durch 30. Du erhältst die Zahl ___.

b) Dividiere 150 durch 50 und multipliziere dann mit 40. Du erhältst die Zahl ___.

6 Zahlenrätsel

Wenn ich meine Zahl mit 40 multipliziere und dann 30 addiere, erhalte ich 150.

Die Zahl heißt ___.

Wenn ich meine Zahl durch 10 dividiere und dann 20 subtrahiere, erhalte ich 50.

Die Zahl heißt ___.

1 Lege mit Material und rechne.

12 Z : 3 = ___ 6 Z : 2 = ___ 16 Z : 4 = ___ 15 Z : 5 = ___

120 : 3 = ___ 60 : 2 = ___ 160 : 4 = ___ 150 : 5 = ___

2 Rechne. Kontrolliere mit der Umkehraufgabe.

140 : 2 = ___ 250 : 5 = ___ 630 : 9 = ___

___ · 2 = 140 ___ · ___ = ___ ___ · ___ = ___

180 : ___ = 60 400 : ___ = 80 420 : ___ = 70

___ : 40 = 3 ___ : 80 = 7 ___ : 30 = 9

3 Die Kinder kaufen sich von ihrem Taschengeld eine Box mit 240 Stickern.
Wie viele Sticker bekommt jedes Kind, wenn es …

a) 3 Kinder sind?
b) 4 Kinder sind?
c) 6 Kinder sind?
d) 8 Kinder sind?

4 Ein Bauer hat Schweine und Hühner. Es sind 60 Tiere. Zusammen haben sie 200 Beine. Wie viele Schweine und Hühner sind es?

A: ___

5 Eine Landwirtin hat Pferde und Fliegen in ihrem Stall. Es sind 50 Tiere. Zusammen haben sie 280 Beine. Wie viele Pferde und Fliegen sind es?

A: ___

Halbschriftliches Multiplizieren

1 Rechne.

3 · 26 = ___
3 · 20 = 60
3 · 6 = ___
60 + ___ = ___

4 · 23 = ___
4 · 20 = ___
4 · 3 = ___
___ + ___ = ___

2 · 36 = ___
2 · 30 = ___
2 · 6 = ___
___ + ___ = ___

5 · 24 = ___
5 · ___ = ___
5 · ___ = ___
___ + ___ = ___

5 · 53 = ___
5 · ___ = ___
5 · ___ = ___
___ + ___ = ___

6 · 47 = ___
6 · ___ = ___
6 · ___ = ___
___ + ___ = ___

2 Rechne.

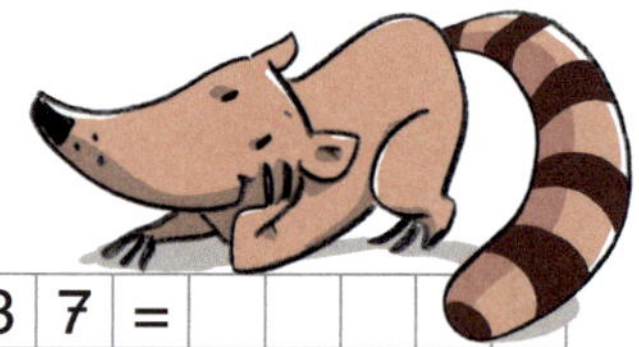

6 · 14 =
6 · 10 = 60
6 · 4 = 24
60 + ___ = ___

7 · 46 =

4 · 37 =

3 · 27 =

8 · 34 =

9 · 43 =

3 Wähle immer eine einstellige und eine zweistellige Zahl. Sie sollen direkt nebeneinander oder untereinander liegen. Multipliziere die beiden Zahlen.

34	5	73	8
7	63	2	57
83	3	47	4
6	49	93	8

a) Welche Aufgabe hat das kleinste Ergebnis? ___

b) Welche Aufgabe hat das größte Ergebnis? ___

Halbschriftliches Multiplizieren

1 Rechne.

24 · 3 = ___	54 · 6 = ___	37 · 7 = ___
20 · 3 = ___	50 · ___ = ___	30 · ___ = ___
4 · 3 = ___	4 · ___ = ___	7 · ___ = ___
___ + ___ = ___	___ + ___ = ___	___ + ___ = ___

2 Rechne.

43 · 7 =	63 · 4 =	26 · 9 =
40 · ___ =		
3 · ___ =		
___ + ___ = ___		

3 Rechne.

a) 6 · 22 = 120 + 12 = 132
6 · 23 = ___ + ___ = ___
6 · 24 = + ___ = ___
6 · 25 = ___ + ___ = ___

b) 4 · 34 = 120 + 16 = 136
4 · 35 = ___ + ___ = ___
4 · 36 = ___ + ___ = ___
4 · 37 = ___ + ___ = ___

c) 11 · 7 = ___ + ___ = ___
22 · 7 = ___ + ___ = ___
33 · 7 = ___ + ___ = ___
44 · 7 = ___ + ___ = ___

d) 37 · 5 = ___ + ___ = ___
36 · 6 = ___ + ___ = ___
35 · 7 = ___ + ___ = ___
34 · 8 = ___ + ___ = ___

4

·	70	2	72
2			
5			
7			

·	60	5	65
3			
6			
8			

Halbschriftliches Multiplizieren üben

SB S. 134, 135

1

5 · 235 = ____
5 · 200 = ____
5 · 30 = ____
5 · 5 = ____

6 · 124 = ____
6 · 100 = ____
6 · 20 = ____
6 · 4 = ____

3 · 316 = ____
3 · 300 = ____
3 · 10 = ____
3 · 6 = ____

2

·	200	40	240
2			
4			
3			

·	100	60	160
2			
4			
5			

3

a) Immer drei Aufgaben gehören zusammen. Markiere mit derselben Farbe.
b) Rechne aus. Beginne jeweils mit der leichtesten Aufgabe.

5 · 122 = ____	5 · 100 = ____	4 · 200 = ____	3 · 110 = ____
4 · 210 = ____	5 · 120 = ____	3 · 100 = ____	3 · 117 = ____
4 · 211 = ____	2 · 350 = ____	2 · 300 = ____	2 · 354 = ____

4 Notiere zu jeder Aufgabe zwei verschiedene Rechenwege.

3 · 299 = ____

4 · 325 = ____

Knobeleien und Zahlenfolgen

1 Rechne. Denke an die PST-Rechenregel.

a) 5 · 9 – 5 = ___
20 – 10 : 2 = ___

b) 6 · 8 + 2 = ___
50 + 3 · 10 = ___

c) 30 : 5 – 6 = ___
100 – 2 · 5 = ___

d) 80 · 2 – 10 = ___
100 : 5 + 5 = ___

2 Rechne. Denke an die PST-Rechenregel.

28 : 4 + 3 = ___
70 + 4 · 5 = ___
100 – 50 : 5 = ___

6 · 9 + 6 = ___
100 : 20 + 5 = ___
20 – 2 · 6 = ___

3 · 8 – 4 = ___
6 · 6 + 4 = ___
80 – 3 · 5 = ___

3 Setze die richtigen Rechenzeichen ein: ⊕, ⊖, ⊙, ⦂

6 ◯ 7 ◯ 2 = 44
70 ◯ 2 ◯ 5 = 40

500 ◯ 5 ◯ 50 = 50
1 000 ◯ 2 ◯ 500 = 0

4 Wie geht es weiter? Wie lautet die Regel? Setze die Zahlenfolge fort.

a) 5, 15, 10, ___, ___, ___, ___, 210

5 —(· 3)→ 15 —(–)→ 10

b) 125, 250, 50, ___, ___, ___, ___, 16

5 Erfinde eine passende Zahlenfolge und notiere die Regel.
Verwende zwei verschiedene Rechenarten.

___, ___, ___, ___, ___, ___, 1000

Das kann ich jetzt! 6

1 Mit Zehnerzahlen multiplizieren

5 · 80 = ____ 3 · 40 = ____ 90 · 3 = ____ 60 · 8 = ____

6 · 70 = ____ 9 · 50 = ____ 30 · 6 = ____ 70 · 9 = ____

6 · ___ = 180 3 · ___ = 240 8 · ___ = 720 7 · ___ = 210

4 · ___ = 120 9 · ___ = 360 5 · ___ = 300 6 · ___ = 480

2 Durch Zehnerzahlen dividieren und mit der Umkehraufgabe kontrollieren

180 : 30 = ____
____ · 30 = 180

540 : 60 = ____
____ · ___ = ____

720 : 80 = ____
____ · ___ = ____

360 : ___ = 6
____ · ___ = ____

490 : ___ = 7
____ · ___ = ____

240 : ___ = 8
____ · ___ = ____

450 : 90 = ____
____ · ___ = ____

150 : ___ = 5
____ · ___ = ____

630 : ___ = 9
____ · ___ = ____

3 Zahlenrätsel lösen

a)

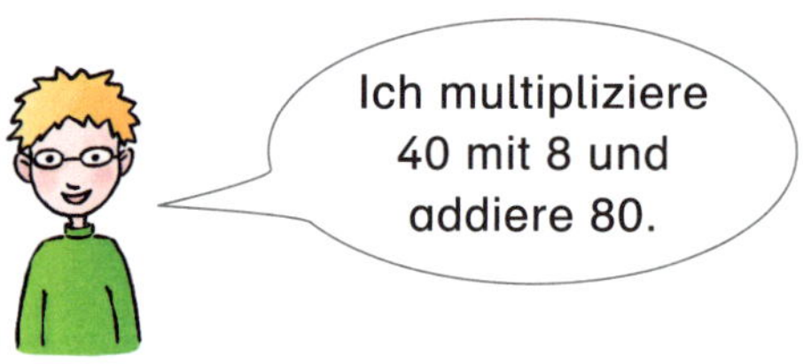

Die Zahl heißt ____.

b)

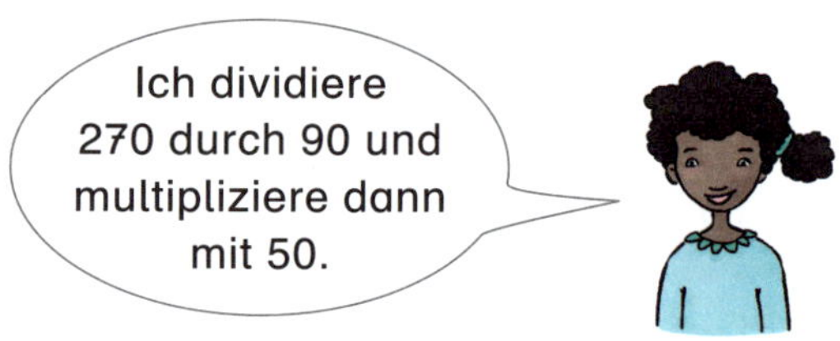

Die Zahl heißt ____.

4 Sachaufgaben lösen

Die Kinder kaufen sich von ihrem Taschengeld eine Box mit 120 Tattoos.
Wie viele Tattoos bekommt jedes Kind, wenn es …

a) 3 Kinder sind? b) 4 Kinder sind? c) 6 Kinder sind?

5 Halbschriftlich multiplizieren

$4 \cdot 18 =$

$6 \cdot 23 =$

$8 \cdot 35 =$

$26 \cdot 3 =$

$72 \cdot 7 =$

$37 \cdot 5 =$

6 Die Rechenregel Punkt vor Strich anwenden

$7 \cdot 6 + 3 =$ ___ $100 : 10 + 5 =$ ___ $40 \cdot 2 + 20 =$ ___

$80 + 2 \cdot 4 =$ ___ $60 - 20 : 4 =$ ___ $100 - 5 \cdot 10 =$ ___

7 Rechenzeichen passend einsetzen: (+), (−), (·), (:)

8 ○ 4 ○ 3 = 35 10 ○ 5 ○ 8 = 16 100 ○ 20 ○ 5 = 25

20 ○ 5 ○ 3 = 12 16 ○ 4 ○ 3 = 1 200 ○ 10 ○ 2 = 10

8 Zahlenfolgen fortsetzen: Wie lautet die Regel?

a) 2, 4, 3, 6, ___, ___, ___, ___, ___, 34

b) 1 000, 500, 600, ___, ___, ___, ___, 150

Übt zu zweit.
Die Bilder und
Anleitungen findet ihr
auch im Schulbuch.

Übe mehrmals
mit verschiedenen Kindern
oder mit deinen Eltern.
Mache ein Kreuz für
jedes Mal üben.

Die kleinere Summe gewinnt – SB S. 14

Kernaufgaben üben – SB S. 18

Das Einmaleins üben – SB S. 21

Glücksschweinchen – SB S. 22

Einmaleins-Memo – SB S. 22

Zahlen legen und schreiben – SB S. 33

Zahlen sprechen und legen – SB S. 34

Zahlen legen und schreiben – SB S. 34

Schnellblick – SB S. 36

Hohe Hausnummern – SB S. 37

Nachbarzahlen benennen – SB S. 44

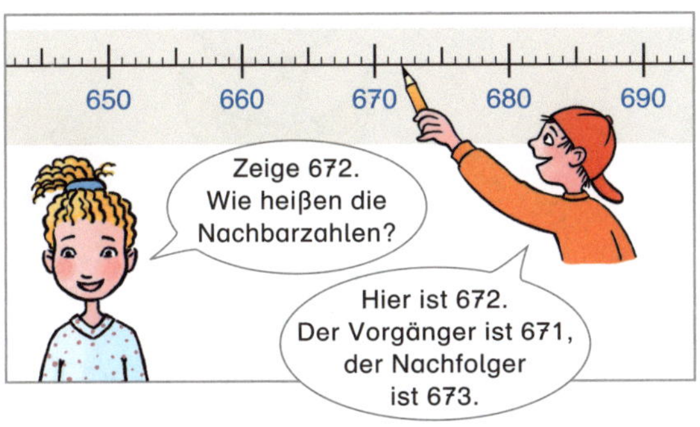

Nachbar-Zehner benennen – SB S. 44

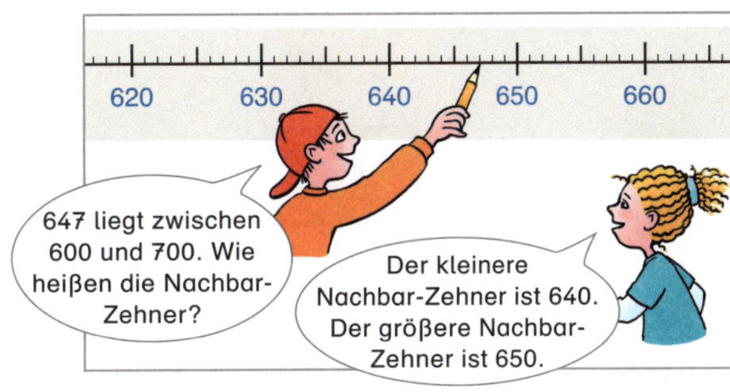

Wege am Würfel – SB S. 47

Über und unter den Hunderter – SB S. 60

Gleich große Figuren spannen – SB S. 71

Spiegelbilder spannen – SB S. 73

Die kleinere Summe gewinnt – SB S. 79

Die höchste Dachzahl gewinnt – SB S. 127

Eine Reise mit dem Ballon

Spielregel (2 Spieler)

Ihr braucht blaue und rote Plättchen und 3 Würfel. Würfelt abwechselnd mit 3 Würfeln.
Bilde mit den 3 gewürfelten Zahlen eine Rechenaufgabe, sodass du eine Zahl aus den Ballonkörben erreichst.
Du darfst diese Rechenzeichen verwenden: (+), (−), (·), (:).
Lege ein Plättchen auf den erreichten Ballon.

Du bist noch einmal dran.

Du darfst ein grünes Feld belegen, ohne zu rechnen.

Neutrales Feld

Wer hat am Schluss die meisten Felder belegt?

Sticker aufkleben:

Fredo

Fips

Frida

z.B. $3 \cdot 5 + 6 = 21$
oder $6 : 3 + 5 = 7$
oder ...

Schriftliches Subtrahieren – Ergänzen

1 Bei vier Aufgaben entsteht ein Übertrag. Kreise ein, bevor du rechnest.

	H	Z	E
	3	2	5
–	1	9	3
	1		

	H	Z	E
	5	1	9
–	3	4	8

	H	Z	E
	4	5	7
–	2	3	1

	H	Z	E
	6	3	8
–	2	8	3

	H	Z	E
	8	4	3
–	4	9	2

	H	Z	E
	7	6	9
–	2	5	0

126, 132, 171, 226, 351, 355, 519

2 Wo entsteht ein Übertrag? Kreise ein, bevor du rechnest.

	9	2	7
–	2	4	5

	4	8	6
–	1	3	7

	8	5	0
–	4	0	9

	5	1	9
–	3	6	5

	7	3	8
–	2	7	1

	3	9	4
–		8	6

154, 302, 308, 349, 441, 467, 682

3 Subtrahiere.

	6	7	8
–	2	3	9

	5	2	6
–	1	8	0

	4	3	0
–	3	1	5

	8	1	6
–	5	7	3

	7	5	3
–	4	2	1

	3	6	8
–	2	7	4

94, 116, 243, 253, 332, 346, 439

4 Finde die Fehler. Verbinde. Rechne richtig.

	8	4	9
–	6	8	
	1		
	1	6	0

	5	3	7
–	1	6	4
	1		
	3	8	3

	7	6	2
–	2	4	9
	5	2	3

falsch untereinandergeschrieben

Rechenfehler

Übertrag vergessen

5 Wähle immer zwei Zahlen und subtrahiere sie.
Es soll ein Übertrag entstehen.

426

354

173

785

1 Subtrahiere. Es entstehen zwei Überträge.

	H	Z	E
	4	7	3
–	1	9	6
	1	1	

	H	Z	E
	3	2	6
–	1	4	9

	H	Z	E
	5	7	1
–	2	8	7

	H	Z	E
	6	2	5
–	3	4	9

	H	Z	E
	7	3	6
–	4	9	8

	H	Z	E
	8	4	1
–	2	5	2

177, 228, 238, 276, 277, 284, 589

2 Subtrahiere. Kontrolliere mit der Umkehraufgabe.

	5	3	4
–	2	7	6
	1	1	
	2	5	8

↓

	2	5	8
+	2	7	6
	1	1	
	5	3	4

	4	2	0
–	1	5	8
+			

	8	6	1
–	3	7	4
+			

	6	4	3
–	4	8	7
+			

	9	1	5
–	5	3	9
+			

	7	5	2
–	6	7	3
+			

3 Wie viele Überträge entstehen? Kreise ein, bevor du rechnest.

	5	4	3
–	3	6	7

	4	1	5
–	1	4	2

	9	7	3
–	6	0	2

	8	6	0
–	4	1	7

	6	7	5
–	2	8	6

	7	2	6
–	5	9	8

128, 148, 176, 273, 371, 389, 443

4 Schreibe stellengerecht untereinander und subtrahiere.

325 – 128

760 – 94

574 – 380

712 – 623

5 Wähle immer zwei Zahlen und subtrahiere sie.
Es sollen zwei Überträge entstehen.

297 385 409 712

Wie viele Aufgaben findest du?

Schriftliches Subtrahieren – Ergänzen

1

	H	Z	E
	4	0	6
–	1	5	8
	1	1	

	H	Z	E
	3	0	1
–	1	7	6

	H	Z	E
	5	0	2
–	2	4	3

	H	Z	E
	6	0	4
–	2	2	5

	H	Z	E
	7	0	0
–	3	6	9

	H	Z	E
	8	0	5
–	4	3	7

125, 248, 258, 259, 331, 368, 379

2

	4	0	8
–	2	4	9

	3	0	2
–	1	3	5

	7	0	5
–	4	8	7

	5	0	3
–		9	4

	6	0	4
–	3	0	6

	8	0	6
–	5	9	8

	9	0	0
–	6	5	3

	2	0	3
–		8	9

	4	0	1
–	1	7	2

	9	0	7
–	2	6	1

	7	0	9
–	3	5	9

	6	0	0
–	4	1	9

114, 159, 167, 171, 181, 208, 218, 229, 247, 298, 350, 408, 646

3 Stimmen die Ergebnisse?
Kontrolliere mit der Probe.
Rechne die Aufgaben mit falschem Ergebnis schriftlich.

340 – 135 = 215
638 – 359 = 279
905 – 687 = 318
801 – 698 = 103

4 Bilde Subtraktionsaufgaben. Das Ergebnis soll immer 279 sein.

	4	0	3
–	1	2	4
	2	7	9

	5	0	3
–			
	2	7	9

–			
	2	7	9

–			
	2	7	9

–			
	2	7	9

–			
	2	7	9

5 Aufgabenfolgen: Wie geht es weiter? Was fällt dir auf?

	4	0	1
–	1	0	4

	5	0	1
–	1	0	5

	6	0	1
–			

–			

–			

–			